# 现代地理信息系统及应用

柳永红　付国燕　郜云峰◎著

中国出版集团　现代出版社

图书在版编目（CIP）数据

现代地理信息系统及应用 / 柳永红，付国燕，郜云峰著 . -- 北京 : 现代出版社，2023.7
ISBN 978-7-5231-0401-9

Ⅰ . ①现… Ⅱ . ①柳… ②付… ③郜… Ⅲ . ①地理信息系统 Ⅳ . ① P208

中国国家版本馆 CIP 数据核字 (2023) 第 118095 号

现代地理信息系统及应用

作　　者　柳永红　付国燕　郜云峰
责任编辑　张红红
出版发行　现代出版社
地　　址　北京市朝阳区安外安华里 504 号
邮　　编　100011
电　　话　010-64267325　64245264（传真）
网　　址　www.1980xd.com
电子邮箱　xiandai@cnpitc.com.cn
印　　刷　北京四海锦诚印刷技术有限公司
版　　次　2023 年 7 月第 1 版　2023 年 7 月第 1 次印刷
开　　本　185mm × 260mm　1/16
印　　张　10.5
字　　数　237 千字
书　　号　ISBN 978-7-5231-0401-9
定　　价　58.00 元

# 前　言

地理信息系统（GIS）是一门多学科结合的边缘学科，实践性很强。自20世纪60年代加拿大地理学家罗杰·汤姆林森（Roger Tomlinson）首先提出地理信息系统的概念并领导建立了世界上第一个具有实用价值的地理信息系统——加拿大地理信息系统（Canada Geographic Information System，CGIS）以来，地理信息系统在全球范围内获得了长足的进步。作为对人类生活空间的数字化描述、分析和表达的工具，地理信息系统正逐渐成为信息产业的重要组成部分，成为国民经济新的增长点。

进入21世纪以来，信息技术革命越来越迅速地改变着人类生活和社会的各个层面。作为全球信息化浪潮的重要组成部分，地理信息系统日益受到各界的普遍关注，并在多个领域得到了广泛的应用。全球范围内从事地理信息系统理论和应用研究的研发人员、科研院所和高新企业不计其数，应用科学化、科学技术化、技术产业化已经成为地理信息系统领域发展的主旋律。地理信息系统专业的人才，不但要有深厚的理论基础，而且要掌握过硬的实践技术，需要具有不同层面的实际动手能力。地理信息系统正在从一个单纯的应用系统发展为一个完整的技术系统和理论体系。

本书基于地理信息系统原理，探寻地理信息系统的应用，主要阐述了地理信息系统的相关基础问题，对地理空间基础、地理信息系统的数据结构、空间数据库与数据模型、空间数据的获取与处理、空间数据查询与分析、地理信息系统产品输出进行了深入探讨，为探究地理信息系统的应用奠定了理论基础。本书可供地理信息系统专业、测绘类专业使用，也可作为地理信息系统、测绘等工程技术人员和计算机技术人员的参考书。

本书在内容上力求保持地理信息系统学科的系统性，同时体现明晰、实用的特色，强调基本理论知识和基本实践技能。

本书在写作过程中参考了许多相关文献资料，在此谨向各位作者表示衷心的感谢！由于本书成书时间仓促，书中有欠妥之处，还望广大同行及读者批评指正。

作者

2023年3月

# 目　录

# 第1章　地理信息系统概论

在很多情况下，人们在规划、管理、决策和处理事务时往往涉及很多与周围地理环境和地理位置相关的信息，例如人们熟知的地图或图纸。这些信息内容不仅要能够表达事件发生的过程与结果，更为重要的是要能够描述事件发生的地点、周边环境及空间关系。在这种情况下，地理信息系统（Geographic Information System,GIS）应运而生。“地理信息系统的迅速发展不仅为地理信息现代化管理提供了契机，而且为其他高新技术产业的发展提供了便利。①”

## 1.1　地理信息系统的基本概念

### 1.1.1　数据和信息

在信息化极为普及的21世纪，“信息”一词被各行各业广泛使用，而在地理信息系统（Geographical Information System，GIS）的研究和应用中，也经常使用数据（Data）和信息（Information）这两个术语。那么数据和信息的具体含义是什么？两者之间的区别和联系又是什么？

目前，学术界还没有对“信息”形成完全一致的定义。信息论的创始人克劳德·香农（Claude Elwood Shannon）认为“信息是用以消除随机不确定性的东西”。显然，这只是从信息的某种作用和功能上定义的。而控制论的创始人诺伯特·维纳（Norbert Wiener）则认为“信息是我们适应外部世界，并且使这种适应为外部世界所感知的过程中，同外部世界进行交换的内容的名称”。

当然，还有其他对信息的不同理解。然而，从一般科学观点上来讲，信息一般是和数据相对应的，数据是信息的表达，信息则是数据的内容和解释。

数据是人类在认识世界和改造世界过程中，定性或定量对事物和环境描述的直接或间接原始记录，是一种未经加工的原始资料，是客观对象的表示。数据可以以多种方式和存储介质存在，前者如数字、文字、符号、图像等，后者如记录本、地图、胶片、磁盘等，不同数据存储介质和格式可相互转换。

① 谢瑞．地理信息系统概论［M］．徐州：中国矿业大学出版社，2012：1.

### 1.1.2 地理数据和地理信息

地理数据是指表征地理圈或地理环境固有要素或物质的数量、质量、分布特征、联系和规律的数字、文字、图像和图形等的总称。地理信息则是对地理数据的加工、处理、解释和说明，是有关地理实体的性质、特征和运动状态的表征和一切有用的知识。从地理实体到地理数据、从地理数据再到地理信息的发展历程，反映了人类认识的一个巨大飞跃。

地理信息属于空间信息，其位置是通过数据标识的，这是地理信息区别于其他类型信息的最显著的标志。地理信息除了具有信息的一般特征外，还具有一些独特的属性。

#### 1. 数据量大

地理信息既有空间特征，又有属性特征。另外，地理信息还随着时间的变化而变化，具有时间特征，可以按时间尺度划分为超短期（如台风、地震）、短期（如江河洪水、秋季低温）、中期（如土地利用、作物估产）、长期（如城市化、水土流失）和超长期（如地壳变动、气候变化）五类。地理信息涉及的数据量非常巨大，尤其是随着全球对地观测计划的不断发展，每天都可以获得上万亿兆的关于地球资源、环境特征的数据，这必然给数据处理与分析带来很大压力。

#### 2. 空间分布性

地理信息具有空间定位的特点，先定位后定性，并在区域上表现出分布式的特点，其属性表现为多层次，因此地理数据库的数据存储和更新也应是分布式的。

#### 3. 信息载体的多样性

地理信息的第一载体是地理实体的物质和能量本身，除此之外，还有描述地理实体的文字、数字、地图和影像等符号信息载体及纸质、磁带、光盘等物理介质载体。对于地图来说，它不仅是信息的载体，也是信息的传播媒介。

### 1.1.3 信息系统与地理信息系统

#### 1. 信息系统

信息系统由计算机硬件、软件、网络通信设备、信息资源、信息用户和规章制度组成，以处理信息流为目的。常见的信息管理系统有教务管理系统、网上银行系统、行政审批系统、仓库管理系统、财务管理系统等。

按照处理信息的不同类型，信息系统可以分为非空间信息系统与空间信息系统。非空间信息系统所处理的信息类型主要局限于表格或属性数据，如财务管理系统、仓库管理系统等。而空间信息系统关注图形、图像等空间数据，可进一步细分为非GIS与GIS。一般地，计算机辅助地图制图系统、CAD 软件、遥感图像处理系统等属于非 GIS。

**2. 地理信息系统**

对于地理信息系统，目前没有完全统一的定义，不同部门、不同应用目的，对 GIS 的定义也不一样。有的定义侧重于 GIS 的技术内涵，有的则是强调 GIS 的应用功能。

现对地理信息系统（Geographic Information System，GIS）作如下定义：GIS 是以空间数据库为基础，采用地理模型分析，达到实现地理信息的采集、存储、检索、分析、显示、预测和更新目的的系统。

## 1.2　地理信息系统的构成

### 1.2.1　地理信息系统硬件组成

计算机硬件系统是计算机系统中的实际物理设备的总称，是构成GIS的物理架构支撑。根据构成 GIS 规模和功能的不同，它分为基本设备和扩展设备两大部分。

**1. GIS 的单机系统结构模式**

从结构模式上讲，单机系统模式的 GIS 是一种单层的结构，GIS 的五个基本组成部分集中部署在一台独立的计算机设备上，提供单用户使用系统的所有资源的一种方式。随着个人计算机（PC 机）技术的发展，GIS 开始部署在 PC 机上，是一个彻头彻尾的单机单用户系统。

**2. GIS 的企业内部网系统结构模式**

由计算机企业内部网、服务器集群、客户机群、磁盘存储系统（磁盘阵列）、输入设备、输出设备等支持的客户机 / 服务器（C/S）模式的 GIS。

分布在不同实验室和工作室的客户端，通过光纤线路连接到接入交换机，再连接到每个楼层的汇聚交换机，通过核心交换机连接到服务器和存储系统，通过核心交换机连接到校园网。为了方便管理，服务器、交换机和存储系统采用机架集中安装部署。为了实现通信和用户管理，每个客户端分配了一个虚拟的 IP 地址，用户通过在客户机设置 IP 地址上网。

**3. GIS 的因特网结构模式**

由因特网、服务器集群、客户机群、磁盘存储系统（磁盘阵列）、输入设备、输出设备等支持的浏览/服务器（B/S）模式的GIS，提供因特网上许可用户的多用户操作。

GIS的因特网结构模式是一种分布式计算模式。这种分布式结构通过分布在不同地点的GIS服务器、Web服务器，构建多级服务器体系结构，而GIS服务器、Web服务器共同组成服务站点，如使用ATM网络进行通信连接，通过服务注册和服务绑定的方式，向用户提供资源服务。现有商业化的GIS软件，一般都支持构建GIS的因特网结构模式，如ArcGIS软件。

### 1.2.2 地理信息系统软件组成

GIS的软件组成构成了GIS的数据和功能驱动系统，关系到GIS的数据管理和处理分析能力。它是由一组经过集成、按层次结构组成和运行的软件体系。

根据GIS的概念和功能，GIS软件的基本功能由六个子系统（或模块）组成。

#### 1. 空间数据输入与格式转换

主要功能是将系统外部的原始数据（多种来源、多种类型、多种格式）传输给系统内部，并将格式转换为GIS支持的格式。

#### 2. 数据存储与管理处理

主要由特定的数据模型或数据结构来描述构造和组织的方式，由数据库管理系统（DBMS）进行管理。

#### 3. 图形与属性的编辑处理

地理信息系统所涵盖的数据需要通过专门的数据结构进行表达，其中，图形元素必须按照数据结构的有关要求来确定其位置，包含的全部元素均属于同一参照系，且需要按照一定的地理编码进行数据分层。

#### 4. 数据分析与处理

地理信息系统具备分析有关区域空间数据和属性数据的特性，借助一定的空间运算方法和指标，如矢量、栅格、DEM等，对上述数据进行测定，从而实现对空间数据的有效利用。

#### 5. 数据输出与可视化

地理信息系统内的原始数据，通过这一模块进行系统分析、转换、重组等一系列处理，以易于接受的方式传达给用户。数据输出的方式较多，如地图、表格、决策方案、模拟结果显示等。

#### 6. 用户接口

它主要用于接收用户的指令、程序或数据，是用户和系统交互的工具。主要包括用户界面、程序接口和数据接口。

## 1.3 地理信息系统研究的内容及相关学科

### 1.3.1 地理信息系统研究的内容

GIS产生于地理学的理论研究与实践中，与地图学一脉相承，是地图学在信息时代的发展。一方面，社会发展对GIS提出了应用要求，促进了GIS技术的发展；另一方面，GIS的应用又对GIS理论提出了更高的要求，促进了GIS理论的发展。而GIS概念的提出与实现，拓宽了GIS的应用范围，并对GIS理论研究和技术方法的实现提出了更高的要求。

#### 1. GIS基本理论

包括地理信息系统的概念、定义、内涵；地理信息系统的理论体系；地理信息系统的构成、特点、功能；地理信息系统的发展历史及其发展方向等。

#### 2. GIS技术体系

包括地理信息系统的软硬件配置环境；各种空间数据结构；数据库管理模式；数据输入、输出系统；工具型GIS的开发等。

#### 3. GIS应用方法

包括各种GIS应用系统的可行性研究、需求分析、总体设计、详细设计、数据库设计、软件开发、维护等；GIS应用模型；GIS应用分析方法等。

### 1.3.2 地理信息系统研究的相关学科

#### 1. GIS与管理信息系统

管理信息系统(MIS)以人为主导，利用计算机硬件、软件、网络通信设备及其他办公设备，进行信息的收集、传输、加工、存储、更新、拓展和维护。常见的管理信息系统有财务管理系统、仓库管理系统、教务管理系统等。在生产管理中，管理信息系统对于规范业务流程、提高业务效率发挥着非常重要的作用，同时也是生产生活中不可或缺的重要组成部分。

GIS与管理信息系统都需要数据库技术的支撑，二者对于信息的管理都是结构化的，须按照一定的规范进行数据的规整。为方便用户的使用，两者都具有数据存储、数据检索、数据输出等基本功能。

不过，管理信息系统处理的对象主要是非图形的数据，对于表格数据的存储和处理非常便捷；但对于图形数据只能够按图片存储却难以进行数据的查询和分析。例如，在业务管理系统中可以找到供货商的地址和介绍图片，却难以直接在地图上定位，并计算供货商到营销点的距离。而在GIS中，不仅可以查询供货商的位置、供货商和营销点之间的距离，还可以分析得出各营销点的服务范围，甚至对营销点的分布进行优化模拟。因此，GIS在数据组织和结构上比一般业务管理系统具有更为复杂的数据库。

### 2. GIS与CAD软件

CAD软件常应用于工程和产品设计中，利用计算机及图形设备帮助设计人员完成计算、信息存储和制图等工作。

CAD软件具有良好的可视化工作界面，设计人员可以绘制各种各样的图形要素并进行标注和描绘，形成各种不同的设计图纸。如Auto CAD软件在模具设计、建筑设计、城市规划及电力规划等方面都有非常广泛的应用。

GIS与CAD软件都可以作为表达空间信息的工具，都具有空间坐标系统，并且能够处理属性和空间数据，同时还可以建立和分析空间关系。

不过，CAD软件采用的是几何坐标系，而GIS采用的是空间坐标参考及投影系统，能够更准确地表达地物的空间位置信息。CAD软件中的拓扑关系比较简单，而GIS中地物之间的包含、相交、相离、邻近等多种空间关系表达得更加明确。CAD软件的图形功能强大，但是属性库功能相对薄弱；而GIS则具有复杂的属性库结构，除了可以进行属性、图形的交互查询之外，还可以进行联动的表达和分析。如系统可以用红色来表示人口密集的区域，而用蓝色来表示人口稀疏的区域等。

总之，作为设计软件，CAD软件更倾向于处理具有规则外形的人造地物；而GIS既可以处理具有规则外形的人造地物，也可以处理具有不规则外形的自然地物，如河流、湖泊、森林等。

### 3. GIS与计算机辅助地图制图系统

计算机辅助地图制系统图主要是面向地图制作的应用，利用计算机和图形输入、输出等设备，通过应用数据库技术和图形的数字处理方法，实现地图信息的量化、编辑、传输、处理，以自动或人机结合的方式输出地图。

计算机辅助地图制图系统是计算机技术与地图制图的结合。由于地图信息量大、符号系统复杂，传统的手工制图工作量大、工作周期长，而根据地图制图基本理论所开发的计算机辅助地图制图软件可以非常明显地提高地图制图的效率。此外，地图制图软件还带有制图综合功能，设置好参数后就可进行要素的选取和化简。其中，FreeHand 和 CorelDraw 等是相对常用的计算机辅助地图制图软件。

GIS 与计算机辅助地图制图系统都具有地图输出、空间查询、分析和检索功能；都可以配置样式输出地图；都可以进行要素的查询。例如，在软件中输入条件“选择面积小于 $40m^2$ 的房屋面”，那么符合条件的房屋面多边形都会处于选中的状态，并高亮度显示出来。

不过，计算机辅助地图制图软件强调的是图形数据的处理、显示和表达，具有强大的符号库处理、颜色调整、形状绘制的功能。在计算机辅助地图制图软件中，每个制图要素，如房屋、道路、植被等，都是孤立的对象，并没有考虑要素之间的拓扑关系。故计算机辅助地图制图软件可以视为 GIS 的主要技术基础。GIS 包含计算机辅助地图制图系统的全部功能，同时具备很强的数据拓扑分析功能，可以利用或集成图形和属性数据的各自优势和联动特点，进行深层次的数据利用和空间分析。

### 4. GIS 与遥感图像处理系统

遥感图像处理系统是由图像输入、输出设备和图像处理软件组成的计算机系统。遥感图像处理系统对遥感图像进行校正、增强、分类，最终提取出所需的专题信息，供专业人员分析和研究。

GIS 与遥感图像处理系统的联系：①经遥感图像处理系统处理后的数据可作为 GIS 的更新数据源。由于在进行数据库更新时，外业测量的采集周期较长，而且范围较小，而航测或卫星遥感的采集周期较短，且覆盖范围广泛，因此现在不少数据生产部门通过提取遥感图像，形成 GIS 更新的数据源。②经遥感图像处理系统处理后的数据可协同 GIS 进行集成分析。如规划部门可以应用遥感图像监控规划的实施，即通过叠加图像数据和规划数据，假若发现规划数据中属于耕地保护区的地区，在观测图像上存在建筑物，就可以初步查找出涉嫌违规的建筑物。

不过，GIS 和遥感图像处理系统的处理对象和复杂程度不同。GIS 侧重于各种类型地理信息的复杂空间关系处理，特别强调空间实体之间拓扑关系的处理，因此在空间分析方面具有优势。而遥感图像处理系统处理的对象主要是遥感数据，也就是针对图像数据或栅格数据进行几何处理、专题信息提取等。尽管遥感图像处理系统本身具有较强的遥感制图与叠加分析能力，但它难以进行空间关系查询与网络分析。

## 1.4 地理信息系统的功能

地理信息系统具有数据采集、数据处理与变换、数据存储与管理、空间查询与空间分析、可视化等五大基本功能。

### 1.4.1 数据采集功能

数据采集是把现有的地理实体或资料转换成计算机可以处理的数字形式，并保证相关数据的完整性、数据与逻辑上的一致性等。数据采集的总体目标是对各种各样的地理现象进行简化和抽象，以图形、图像等方式记录地理现象的位置、属性及相互关系。如，用不同形状的多边形面状符号及其在空间上的疏密程度，来表达不同建筑物的形状和空间分布特征；用双线的地图符号和与之相对应的属性数据，来表示不同类型的道路。

GIS 的数据来源主要有：

①通过野外地面测量采集的图形数据；

②通过飞机或卫星等拍摄的图像数据；

③通过相应设备将纸质地图、文本、统计数据和多媒体数据等转化成地理空间数据。

在 GIS 数据采集中，大平板仪、全站仪、GPS 或者移动测绘系统等定位设备适用于野外的实地数据采集。野外采集设备可以进行布点、观测、记录数据等，而且测量精度高，主要适用于外业的 GIS 数据采集或者局部的数据修补测量和更新等测绘作业。

数字化采集的设备包括数字化仪、扫描仪和摄影测量设备等。此类设备的特点是采集范围大、速度快，主要是内业作业，外业补测的工作相对较少，能够快速获取大范围的 GIS 数据，适宜大面积的 GIS 数据采集或者资源普查等应用。如在地理国情普查中，通过遥感图像快速获取基础地理信息数据的方法得到了广泛应用。

此外，其他系统数据资源通过数据交换的方法也可以用于 GIS 数据的采集。如在建设相关系统时，通过外业测量或者数字化处理进行数据采集，工作量会很大；此时，如果用户单位已经建设好“基础地理数据管理系统”，包括居民地、道路、水系等基础数据的图层信息，那么新建系统从该管理系统中提取 GIS 数据，并按照一定的数据标准规范转换并交换，就可避免大量繁杂的数据采集工作，从而提高数据的利用效率，减少不必要的重复投资建设。

### 1.4.2 数据处理与变换功能

特定的 GIS 项目有可能需要将数据转换或处理成某种需要的形式以适应系统。数据转换和处理的具体操作包括坐标变换、格式转换等。在综合分析数据之前，需要通过数据处理与变换操作，把各数据层转换到同一参考坐标体系下，才能确保各种数据的精确叠加，从而满足相关空间分析的要求。

在GIS中，需要使用一系列的点来确定数据的位置和形状，而点的坐标值是与坐标系统相关的。不同的坐标系统具有不同的坐标原点，或者不同的坐标轴角度。如果源数据与目标数据的坐标系统或者投影系统不一致，那么进行数据的综合应用，就需要进行坐标的变换。计算两个系统之间的转换参数，然后对源数据内的每一对坐标值进行相对应的转换计算，属于“坐标变换”的操作内容。此外，为了运算的方便，GIS需要进行图幅的裁剪和拼接。

在数据的处理和变换过程中，有时需要进行数据格式的转换。如AutoCAD和ArcGIS是常见的应用软件，而其使用的数据格式DWG和SHP也比较常见。在使用相关软件时，需要转换两种数据格式。此外，有时图形和图像数据也需要相互转换，但转换需要保持信息的一致性，避免遗漏数据或损失精度。

### 1.4.3　数据存储与管理功能

GIS的核心是地球表面各类地物的空间位置和属性信息，需要将海量空间数据存储在计算机的数据库里。点、线、面是记录地物位置和形状的基本图形要素。如何在有限的空间内采用相关图形要素存储尽量多的地物信息，是存储几何数据所需要解决的核心问题。

属性数据的存储可以采用二维表格的组织结构来记录数据的信息。如在GIS中，除了记录道路的位置、走向以外，还需要记录其名称、等级和长度等信息，那么就可以建立二维表格，并在表格的每一行中存储对应道路的相关属性信息。

### 1.4.4　空间查询与空间分析功能

为提高GIS数据存储与管理的效率，开发人员根据每个单位或部门的数据特点和用户需求，开发空间数据库管理系统，以方便用户进行数据的浏览、查询、编辑或者进行数据的导入、导出，从而实现数据的规范统一和有效管理。

空间分析作为GIS独特的应用工具，具有非常广泛的应用前景。如在实际工作中，可以使用GIS技术的空间缓冲区分析方法来确定地物的空间邻近关系；使用GIS技术中的空间叠加分析方法，针对不同时间段的数据进行叠加处理，可以获得不同时段内的变化分析结果。

应用GIS的数据统计分析功能，研究人员可以客观地把握研究区域内相关数据的空间分布特征。

此外，GIS还具有网络分析的功能。如在GIS中输入起始点和目的地后，通过迪杰斯特拉等相关算法，可以自动分析并获得最短行车路径或者公交转乘方案。同时，GIS 还可以实时获取道路的路况信息，从而方便地对当前行驶路线进行优化调整。

### 1.4.5 可视化功能

对于不同的地理现象，利用 GIS 以地图或图形的方式来显示最终结果，会显得更直观、更形象、更具体。图文一体化是有效存储和传递地理信息的核心技术。GIS 为扩展地图制图科学和艺术提供了工具，当空间数据与统计图表、照片和视频等数据进行了有效集成后，GIS 的展示结果就能达到图文并茂的可视化效果。

此外，地理信息系统的可视化新技术能够融合一维、二维、三维数据以及 360° 全景式的视频数据，为城市景观或者规划设计提供良好的展示平台。

## 1.5 地理信息系统的发展

GIS 在地理信息科学理论与方法上已经取得了重要的研究发展。地理认知既是地理信息科学研究的起点，也是其归宿。“认知—获取—表达—分析—模拟—再认知”的螺旋式地理认知规律是地理信息科学发展的内在驱动力。

### 1.5.1 GIS 的理论发展

空间认知理论：空间认知可以看作认知科学与地理科学的交叉领域。随着认知神经科学的发展，空间认知理论将有望在地理知觉、地理知识心理表征、地理空间推理等方面取得突破。

地理信息时空理论与基准：在大数据及人工智能技术的支撑下，时空数据挖掘理论与方法将会迎来新的发展契机。

地理信息表达与可视化理论：主要研究空间数据模型、地图符号模型、空间尺度理论等内容。其中，自动化地图制图综合理论是研究重点与难点。

地理数据不确定性：数据不确定性主要指数据的真实值不能被确定的程度，而现实世界中存在大量的无明确空间范围的模糊地理区域，均可视为其研究的核心内容。

### 1.5.2 GIS 的内容发展

GIS 是管理和分析地学空间数据的一门综合技术，它涉及地学数据的输入编辑、存储管理、分析和输出的一整套完整过程。其核心的内容还包括空间信息的表达和技术应用等诸方面，其发展趋势可以从以下几个方面简述。

### 1. 空间数据库趋向“三库”一体化

随着高分辨率卫星遥感数据量的增加和数字地球的需求，面向对象的数据模型及图形矢量库、影像栅格库和 DEM 格网库“三库”一体化的数据结构逐步形成，这样的数据库结构使 GIS 的发展更加趋向自然化、逼真化，更加贴近用户。同时，以面向应用的 GIS 软件为前台、大型关系数据库为后台的数据库管理已成为当前 GIS 技术的主流。

### 2. 空间数据表达趋向多尺度

金字塔和 LOD（Level Of Detail）技术的多比例尺空间数据库已成为空间数据表达的主要趋势，真四维的时空 GIS 将有望从理论研究转入实用阶段。基于虚拟现实技术的真三维 GIS 将使人们在现实空间外可以同时拥有一个 Cyber 空间。

### 3. 数据挖掘技术可发现更多的知识

随着各类数据库的建立，从数据库中挖掘知识已成为广为关注的课题。从 GIS 空间数据库中发现知识可有效支持遥感图像解译，解决“同物异谱”和“同谱异物”的问题。从 GIS 属性数据库中挖掘知识具有优化资源配置等空间分析的功能。随着数据库容量的快速增大和对数据挖掘工具的深入研究，其应用前景之大是难以估量的。

### 4. 互联网推进互操作及地学信息服务业

联邦数据库和互操作（Federal Databases & Interoperability）成为当前国际 GIS 联合研究的热点。GIS 已成为网上的分布式异构系统，GIS 应用将为地学信息服务。互操作意味着数据库数据的直接共享，目前已兴起的 LBS 和 MIS，使 GIS 成为未来全社会的信息服务工具。

### 5. 将形成较完整的理论框架体系

主要内容包括：地球空间信息的基准（几何基准、物理基准和时间基准）；地球空间信息的标准（空间数据采集、存储与交换标准，空间数据精度与质量标准，空间信息的分类与代码标准，空间信息的安全、保密及技术服务标准以及元数据标准等）；地球空间信息的时空变化理论（时空变化发现的方法和对时空变化特征和规律的研究）；地球空间信息的认知，主要通过各目标各要素的位置、结构形态、相互关联等，基于静态形态分析、发生成因分析、动态过程分析、演化力学分析以及时态演化分析达到对地球空间的客观认知；地球空间信息的不确定性（类型的不确定性、空间位置的不确定性、空间关系的不确定性、逻辑的不一致性和信息的不完备性）；地球空间信息的解译与反演（定性解译和定量反演，贯穿在信息获取、信息处理和认知过程中）；地球空间信息的表达与可视化，涉及空间数据库多分辨率、数字地图自动综合、图形可视化、动态仿真和虚拟现实等。

### 1.5.3 GIS 的技术发展

GIS 技术的发展目标是实现在任何时间、任何地点，任何人和任何事物都能在网络体系中顺畅通信。创新是 GIS 技术发展的原动力。在通信基础上，GIS 能够在天上、地面、水中等不同平台进行多种方式的数据采集、处理、传递和更新，如车载移动地图制图系统、水下地图制图系统、可佩戴移动地图制图系统等。

在技术发展方面，云 GIS 是重要的发展方向。云计算是由处于网络节点的计算机分工协作，共同计算，以低成本实现强大的计算能力，从而为终端设备按需提供共享资源、软件和信息。因此，云 GIS 平台可以高度集成更丰富的空间数据与更复杂的计算功能，能够极大地提高 GIS 的应用效率。

GIS 技术与物联网的发展密切相关。物联网是将各种信息传感设备和物理资源结合在一起，并连接到互联网形成巨大的网络体系。物联网 GIS 对城市基础设施与部件状况、能源供给状况、交通状况、环境状况等动态监测，并根据实时采集的数据，进行即时的智能化分析，达到辅助决策的服务作用。

### 1.5.4 GIS 的工程发展

GIS 在工程应用方面的发展如面向智慧城市的应用。智慧城市是指 GIS 在数字城市的基础上，结合“物联网”和“云计算”等技术，实现更透彻的感知、更全面的互联互通和更深入的智能化。

智慧城市在交通、医疗、公共事业、公共安全、教育与科技等诸多方面都具有广阔的应用前景，而未来的 GIS 将会融入人类生活工作的方方面面，给人们带来更加优质和便捷的服务。

# 第 2 章　地理空间基础

GIS 是关于地理空间信息应用的信息科学。它已经从一门纯技术应用逐渐发展为具有系统性概念、理论、方法和技术应用的完整意义上的信息科学。在 GIS 的应用实践中，学科内涵不断受到地理信息科学的滋养而不断完善，同时又对地理科学、地理空间信息科学的发展和应用起到了推进作用。

## 2.1　地理空间

“空间”的概念有不同的解释；从物理学的角度看，空间是指宇宙在三个相互垂直方向上所具有的广延性；在地理学上，地理空间是指物质、能量、信息的存在形式在形态、结构过程、功能关系上的分布方式和格局及其在时间上的延续。

随着人类认识和探索能力的不断发展，广义的地理空间已经拓展到包括地球、月球、太阳等星球及其周围一定范围所包围的空间，甚至整个宇宙空间；狭义的地理空间则是地球表层及其周围一定范围所包围的空间，这个范围要比地球空间小，上下大约有 200km。“地理空间上至大气电离层，下至地幔莫霍面，有着广阔的范围。但一般地理空间指的是地球表层，空间的基准是陆地表面和大洋表面，它是人类活动频繁发生的区域，是人地关系最为复杂、紧密的区域。①”

空间参考系统是指确定地理目标平面位置和高程的平面坐标系统和高程系统的统称。在地理信息系统中，地理要素的空间位置都是通过坐标值来描述的，而坐标值的确定和所使用的参考系息息相关。当采用不同的平面坐标系和高程系时，同一地理要素会出现不同的平面坐标值和高程值。而平面坐标系、高程系的确定，与地球椭球体的选择密切相关。

### 2.1.1　地球椭球体

地球的表面具有高山、平原、峡谷等复杂地形地貌，形状起伏不平，很难直接用数学模型来表达。而测量和制图等实际工作需要使用数学模型来表示地球表面。由于海洋占整个地球表面的 71%，——人们通常把地球总的形状看作被海水包围的球体，这使得在测量和 GIS 应用中仍然存在极大的困难，因此无法在这个曲面上进行测量数据处理。为实现对地球表面的数学建模，可以使用近似曲面对地球自然表面进行化简。地球自然表面近似于

① 张友静．地理信息科学导论 [M]. 北京：国防工业出版社，2009：19.

平均海平面延伸至大陆所形成的连续封闭曲面，而该封闭曲面就称为“大地水准面”。

大地水准面的形状不规则，但却唯一。大地水准面与扁率很小的椭球面非常接近，可用来代表地球形状，是建立地理信息系统空间参考的基础。椭球面的数学公式可用于描绘地球的近似形状，而能描述地球大小和形状的近似数学封闭曲面，就称为“地球椭球面”。地球椭球面围成的几何体称为地球椭球体。

通过地球椭球面来模拟地球表面，需要确定地球椭球体的形状（长、短轴之间的比值）、大小（长、短轴各自的长度）以及原点等相关参数。形状、大小、定位、定向都确定的地球椭球体被称作参考椭球体，其基本元素是：长半轴$a$；短半轴$b$；扁率 $f=\left(a-b\right)/a$。

用地球椭球面来模拟地球自然表面的形状会产生相应的误差。如果采用同一个地球椭球体来模拟全球，那么不同地区的测量值误差有大有小。为使地球椭球面所描述的自然地球表面更加符合国家或地区的实际情形，不同的国家或地区会建立各自的参考椭球体。

### 2.1.2 地理坐标系统

GIS 用户通常在平面上对地图要素进行处理。这些地图要素代表地球表面的空间要素。“地理空间参考系统是表示地理空间对象位置的空间参照系统。就目前来讲，在 GIS 中使用的空间参考系统有地理坐标系统、地图坐标系统、线性参考系统等。”① 这里主要分析地理坐标系统。

#### 1. 坐标系统的表示

地理坐标系统是地球表面空间要素的定位参照系统。一般用经度和纬度来定义地理坐标系统。经度和纬度都是用角度来表示的，经度是从本初子午线开始向东或向西量度角度，而纬度是从赤道平面向北或向南量度角度。

子午线是指经度相同的线。本初子午线经过英格兰的格林威治，经度为 0°。以本初子午线为参照，在本初子午线向东或向西 0°～180°范围内来表示地球上某一地点的经度值。

纬线是指纬度相同的线。以赤道为 0°纬度，我们可以从赤道向南或向北在 0°～90°之间测量纬度值。显然纬线用于测量南北方向的位置。地球表面某点位置为 120°W60°N，表示其位于本初子午线以西 120°，赤道以北 60°。

本初子午线和赤道被看作地理坐标系统的基线。地理坐标就如同一个平面坐标，经度值相当于坐标系统的$x$值，纬度值相当于$y$值。GIS 中通常输入带正号或负号的经度和纬度值。经度值以东半球为正，西半球为负。纬度值以赤道以北为正，赤道以南为负。

① 李建松，唐雪华．地理信息系统原理 [M]．武汉：武汉大学出版社，2015：79.

经线和纬线的角度可以用度—分—秒（DMS）、十进制表示的度数（DD），或者是弧度（Rad）的形式表示。1 度等于 60 分，1 分等于 60 秒，我们可以在 DMS 和 DD 之间进行转换。例如，纬度值 45°52′30″ 等于 45.875°（45+52/60+30/3600）。弧度一般在电脑编程中应用。1 弧度等于 57.2958°，1 度等于 0.01745 弧度。

### 2. 地球的近似表示

要绘制地球表面空间要素，需要选择一个和地球大小相似的模型，与地球最接近的是球体。在讨论地图投影时常常会用到球体，但是地球并不是一个纯粹的球体，地球的赤道要比地球两极宽一些。因此，与地球形状比较接近的是一个以椭圆短轴旋转而成的扁球，也叫椭球体。

地球椭球体的形状和大小常用长半径 $a$（赤道半径）、短半径 $b$（极轴半径）、扁率 $f$ 表示，这些数据又称为椭球元素。参数扁率（$f$）用于测量椭球体两轴的差异，定义公式为 $(a-b)/a$。基于椭球体的地理坐标被称为大地坐标，它是所有地图制图系统的基础。

由于采用不同的资料计算，因此各国使用的椭球体的元素是不同的。我国 1952 年以前采用海福特椭球，从 1953 年起改用克拉索夫斯基椭球，1978 年开始采用国际大地测量协会所推荐的“1975 年国际椭球”，并以此建立了我国新的、独立的大地坐标系。

### 3. 大地基准

大地基准作为地球的一个数学模型，用水平基准作为计算地理坐标的参照或基础，用垂直基准作为计算海拔高度的参照或基础。大地基准的定义包括大地原点的经纬度、用于计算的椭球参数、椭球体与地球在原点的分离。因此，大地基准和椭球体是密切相关的。

很多国家已开发了自己的大地基准，使大地水准面与当地更符合。直到 20 世纪 80 年代末，大地测量椭球体“克拉克椭球 1866”，成为美国地图绘制的标准椭球体。克拉克椭球 1866 的长半轴（赤道半径）和短半轴（极轴半径）分别为 6378206.4m（3962.96mi）和 6356583.8m（3949.21mi），扁率为 1/294.979。NAD27（1927 年北美基准面）建立在克拉克椭球 1866 的基础上，其原点位于堪萨斯州的米德牧场。夏威夷是唯一没有采用 NAD27 的州，其用的是老夏威夷基准，一个基于和 NAD27 不同原点的独立基准。

1986 年美国国家大地测量局（NGS）引入以 GRS80 椭球为基础的 NAD83（1983 年北美基准面）。GRS80 椭球的长半轴和短半轴分别为 6378137.0m（3962.94mi）和 6356752.3m（3949.65mi），扁率为 1/298.257。GRS80 椭球的地球形状和大小是由多普勒卫星测量而确定的。NAD27 基准向 NAD83 基准的转换，表示从位置向地心（原点在地球中心）基准的转换。

NAD27 和 NAD83 之间的大地基准转换可导致点位置的漂移。例如，在华盛顿的奥林匹克半岛上的标准地形图图幅，向东平移 98m，向北平移 26m，水平位移则为 101.4m。

### 2.1.3 高程系统

空间点的高程是以大地水准面为基准来计算的，而大地水准面是由地球重力场决定的。因此，采用不同的平均海平面就会产生不同的高程基准，也就会产生不同的高程系统。

我国曾规定采用青岛验潮站所测的 1956 年黄海平均海平面作为统一的高程基准。在工程和地形测量中，凡由该基准起算的高程均属于 1956 年黄海高程系统。从 1985 年起，我国改用“1985 年国家高程基准”，凡由该基准起算的高程均属于 1985 年黄海高程系统。1985 年国家高程基准与 1956 年国家高程基准之水准点之间的转换关系为

$$H_{85} = H_{56} - 0.029 \qquad (2\text{-}1)$$

式中，$H_{85}$、$H_{56}$ 分别表示 1985 年、1956 年国家高程基准水准点的正常高，单位为 m。

凡不按照 1956 年国家高程基准或 1985 年国家高程基准作为高程起算数据的高程系统均称为局部高程系统。

在建立地理信息系统时，采用局部高程系统的空间数据需要转换到 1985 年国家高程基准下。设局部高程基准的高程起算原点为 $H_{局}$，与国家高程控制网联测的高程起算原点为 $H_{联}$，则高程原点的高程改正值为 $\Delta H$，则有

$$\Delta H = H_{局} - H_{联} \qquad (2\text{-}2)$$

在建立地理信息系统时，经常会用到不同高程基准的地形图或工程图并作为基础数据，此时应将高程基准全部统一到 1985 年国家高程基准。

### 2.1.4 地理空间的表达

地理世界以实体为单位进行组织，将客观世界作为一个整体看待。每一个实体不仅具有空间位置属性和空间上的联系，更重要的是它与其他实体间还具有逻辑上的语义联系，此外，它还具有时间属性。将真实世界的空间物理对象进行抽象概括，形成空间数据模型，对模型描述的空间数据按一定的形式表达，形成空间数据结构，进而形成空间数据库。存在于地球表面的地理对象、对象间的相互关系，以及各自的位置属性和时间属性，就形成 GIS 中的地理空间信息（Geo-spatial）。

一般而言，在地理空间中，特征实体表示地理空间信息的几何形态、时空分布规律及其相互之间的关系，它们是具有形状、属性和时序的空间对象或地理实体，包括点、线、面和体四种几何体。这些几何体是 GIS 表示和建库的主要对象。

在不同比例尺的 GIS 中，同样的地理对象可能被看作一个“点”对象，也可能被看作

一个“面”对象。例如，大家熟悉的居民点，在大、中比例尺GIS中被表示成面状对象，在小比例尺GIS中则被表示成点状对象。实际上，人们根据地理对象的属性不同，按照一定的结构和模型进行表达、组织和存储。

### 1. 点状地理对象

在现实生活中，事物一般都会占据一定的面积，所以真正的点状事物很少。一些所谓的点状事物也是针对不同的比例尺而言的，那些占据一定面积的城镇、学校、医院等往往需要在地图上定位并显示，因此就把它们当作点状对象看待。在电子地图上，将点状符号定位于地理对象所对应的位置上。

### 2. 线状地理对象

地图上的线状或带状符号多表示铁路、公路、河流、海岸、行政边界等，这些线状地理对象有单线、双线和网状之分。当然，线状对象和面状对象的区别，也和地图比例尺密切相关。在实际地面上，水面、路面等都可以是狭长的或区域的面状。

### 3. 面状地理对象

现实世界中的面状地理对象有连续分布和离散分布两种。在呈现面状分布的地理对象中，有些有确切的边界，如建筑物；有些从宏观上看似乎有一条确切的边界，但是实际上并没有明显的边界，如土壤类型的边界，只能由专家们通过研究确定。显然，面状分布的地理对象一般用封闭的多边形符号表示。

### 4. 体状地理对象

除了上面描述的三种地理对象以外，从三维观测的角度看，许多地理对象可以被看作体状地理对象，如大家熟悉的云彩、高层建筑、地铁站等。这些地理对象除了在二维空间占有一定的平面大小外，在三维空间中还有一定的高度或厚度。

### 5. 遥感影像对地图化描述

遥感影像作为一门新兴技术，从20世纪60年代产生到现在，在人类社会各方面得到了广泛应用。

遥感影像对空间信息的描述主要通过不同的颜色和灰度来表示。这是因为地物的结构、成分、分布等不同，其反射和发射的光谱特性也各不相同，所以反映在遥感影像上就表现为不同的颜色和灰度信息。

# 2.2 空间数据

## 2.2.1 空间数据概念

空间数据是数据的一种特殊类型。它是对空间事物的描述，指的是带有空间坐标的数据，如建筑的设计图、机械的设计图和各种地图等表示成计算机所能接受的数字形式。所以说，空间数据是一种带有空间坐标的数据，包括文字、数字、图形、影像、声音等多种方式。

空间数据是对现实世界中空间特征和过程的抽象表达，用来描述现实世界的目标，记录地理空间对象的位置、拓扑关系、几何特征和时间特征。位置特征和拓扑特征是空间数据特有的特征。在空间数据中不可再分的最小单元现象称为空间实体，空间实体是对存在于这个自然世界中地理实体的抽象，主要的基本类型包括点、线、面以及体等。在空间对象建立后，还可以进一步定义其相互之间的关系，这种相互关系称为“空间关系”，又称为“拓扑关系”。因此可以说空间数据是一种用点、线、面以及体等基本空间数据结构来表示人们赖以生存的自然世界的数据。此外，空间数据还具有其他一些特征，比如定位、定性、时间、空间关系等。

空间数据比一般信息处理中的统计数据更复杂。之所以这么说是因为，一是数据类型多，有几何数据，还有表示地图要素间相互联系的关系数据，以及便于图化处理的辅助数据等，而且数据还随时间的变化各自独立的发生变化。二是数据操纵复杂，空间数据的操纵不仅仅局限在一般数据的增、删、改、查等功能；还需要在原来基础上增加一些特有的检索方式，如定位检索、拓扑关系检索；以及一些特有的操作方式，如图形编辑。三是数据输出多样，有数据、报表，还有图形。四是数据量大，加之空间数据来源多样，不仅有测量、统计数据、文字资料，还有地图、遥感图像等图形图像数据。

空间数据是数字地球的基础信息，数字地球功能的绝大部分都以空间数据为基础。当前空间数据已广泛应用于社会各行业、各部门，如矿产勘查、城市规划、环境管理、资源清查、土地利用、航空航天、交通、旅游、军事等。随着科学和社会的发展，空间数据对于社会经济发展、人们生活水平提高的重要性也越来越明显，这同时加快了人们获取和应用空间数据的步伐。

在 GIS 中，地理数据是表示地理位置、分布特点的自然现象和社会现象等诸要素的文件。地理数据可以分为地理空间数据与非地理空间数据。顾名思义，地理空间数据是表示空间实体的位置、形状、大小及其分布特征的数据。而非地理空间数据主要用于表示空间实体的属性特征，是对地理空间数据的说明数据。

### 2.2.2　空间数据的基本特征

要完整地描述空间实体或现象的状态，一般需要同时有空间数据和属性数据。如果要描述空间实体或现象的变化，则还须记录空间实体或现象在某一个时间的状态。所以，一般认为空间数据具有空间、属性和时间三个基本特征。

①空间特征：一方面，可以表达空间物体的几何特征，如教学楼的面积、周长等几何指标；另一方面，还可以表达拓扑关系，即实体之间的空间关系，例如，第一教学楼与逸仙大道之间的关系为相邻关系等。

②属性特征：仅仅通过物体的几何形态，往往难以进行地物的描述。例如，仅凭一条线段，难以解释地物是道路或是河流。如果将空间信息和属性信息关联，附加专题特征，就可以方便地查询和应用。

③时间特征：地理空间数据是动态变化的信息，需要记录地理空间数据的采集时间，给地理空间数据添加一个“时间戳”。

### 2.2.3　空间数据的类型

在地理信息系统中，按照空间数据的特征，可将其分为三种类型：空间特征数据（几何特征数据或定位特征数据）、专题特征数据（属性特征数据）和时间特征数据。

#### 1. 空间特征数据

空间特征数据指空间物体的位置、形状和大小等几何特征以及与相邻物体的拓扑关系，空间特征数据又称为几何特征数据或定位特征数据。空间特征数据记录的是空间实体的位置、拓扑关系和几何特征，这是地理信息系统区别于其他数据库管理系统的标志。

空间位置可以由不同的坐标系统来描述，如经纬度坐标、一些标准的地图投影坐标或任意的直角坐标等。人类对空间目标的定位一般不是通过实体的坐标，而是确定某一目标与其他目标间的空间位置关系，而这种关系往往也是拓扑关系。

#### 2. 专题特征数据

专题特征数据又称属性特征数据，是指地理实体所具有的各种性质，如变量、级别、数量特征和名称等。如道路的属性包括路宽、路名、路面材料、路面等级、修建时间等。属性特征数据本身属于非地理空间数据，但它是空间数据中的重要数据成分，它同地理空间数据相结合，才能表达空间实体的全貌。属性特征的量测是按属性等级的差异以及量度单位的不同进行的。

### 3. 时间特征数据

时间特征指地理实体的时间变化或数据采集的时间等，其变化的周期有超短期的、短期的、中期的、长期的等。严格地讲，空间数据总是在某一特定时间或时段内采集得到或计算产生的。由于有些空间数据随时间变化相对较慢，因而有时被忽略；有时，时间可以被看成一个专题特征。

对于绝大部分地理信息系统的应用来说，时间特征数据和专题特征数据结合在一起共同作为属性特征数据，而空间特征数据和属性特征数据统称为空间数据（或地理数据）。那么，地理信息系统是如何建立空间特征数据和属性特征数据之间的联系呢？我们已经知道了空间特征是如何通过坐标值和拓扑关系来表达，属性特征又是怎样组织成表格中一系列的记录。

如果对于每一个具有拓扑关系的空间特征以及这个空间特征的一个描述记录赋予共同并且是唯一的标识符（Identifier）——由于这个标识符保证了在空间特征和属性记录之间一一对应的关系，这样，就可以通过空间记录查找并显示属性信息，或者依据存储在属性表格中的属性生成具有地学分析意义的空间图形，如地图。

## 2.2.4 空间数据模型

根据空间实体的几何特征，空间对象可分为点对象、线对象、面对象和体对象，目前体对象还未形成公认的数据表达方法与数据结构。根据数据的实现形式不同，空间数据模型的几何数据分为矢量数据模型和栅格数据模型。

### 1. 矢量数据模型

矢量数据用于描述和表达离散地理空间实体要素。离散地理空间实体要素是指位于或贴近地球表面的地理特征要素，即地物要素。这些要素可能是自然地理特征要素，如山峰、河流、植被、地表覆盖等；也可能是人文地理特征要素，如道路、管线、井、建筑物、土地利用分类等；或者是自然或人文区域的边界。虽然存在一些其他的类型，但离散的地理特征要素通常表示为点、线和多边形。

点定义因为太小而不能被描述为线状或面状的地理特征要素的离散位置，如井、电线杆、河流或道路的交叉点等。点可以用于表达地址、GPS 坐标、山峰的位置等，也可以用于表达注记点的位置等。

线定义因为太细而不能被描述为面状的地理特征要素的形状和位置，如道路中心线、溪流等。线可以用于表达具有长度而没有面积的地理特征要素，如等高线、行政边界等。

多边形定义为封闭的区域面，多边图形用于描述均匀特征的位置和形状，如省、县、地块、土壤类型、土地利用分区等。

矢量数据是用坐标对、坐标串和封闭的坐标串来表示点、线、多边形的位置及其空间关系的一种数据格式。

可见，矢量数据是以点、线和多边形为基本表达特征元素，并用以表达具有形状和边界的离散对象。特征元素具有精确的形状、位置、属性和元数据，以及与之有关的可用的空间关系和行为。矢量数据模型是以特征数据集和特征类存储特征元素的。

（1）几何元素与特征定义

按照特征对数据建模具有以下优点：

①特征按照具体属性、关系和行为存储为不同的实体，这有助于建立一个丰富的模型以获取一组地理特征的完整信息。

②特征具有精确的位置和良好定义的几何形状，这有助于GIS软件的空间操作。

③特征在地图上可以按照任意的颜色、线宽、填充类型或其他制图符号绘制，这可以符号化显示特征属性来产生地图，也可以以任意比例尺打印地图。

特征也特别适合对人工对象进行建模。这是因为道路、房屋、机场或其他人工对象具有明显的和良好定义的边界。

特征表达的基础是它的几何元素或形状。每个特征都具有与之联系的几何或形状。在数据结构中，几何元素是按照被称为“形状”的特征类的空间场存储的。在几何数据模型中，几何元素有两种类型，一类是由特种形状定义的，另一类是由形状的组合定义的。

特征可由点、点集、线、多边形等几何元素产生。外接矩形是一种描述几何元素的空间范围的几何元素。面向对象的数据模型与面向特征的数据模型的重要区别就是简单几何元素和复杂几何元素可以组合为一个特征类，即复合对象。一个折线几何元素的特征类可以由单个部分或多个部分的折线组成。一个多边形几何元素的特征类可以有单个部分或多个部分的多边形组成。这为特征形状的建模提供了极大的灵活性，并简化了数据结构。

点（Point）和点集（Point Set）是零维几何元素。点具有$x$，$y$坐标，一个可选项$z$或$m$，分别对应于构建三维的位置或线性参考系统的测量值。点数据还有一个识别码（ID）。点用于表达小的特征，如井或测量点的位置。点集是点的无序集合。点集特征表达具有共同属性的一组点。

折线（Polyline）是一组可能不连接或连接的链或路径（Path）的有序集合，是一维几何元素，用于表达所有线性特征几何元素。折线用于表达道路、河流或等高线。简单的线性特征仅用有一条链的折线表达，复杂的线特征则用有多条链的折线表达，如路径。

多边形是部分由它们的包含关系定义的环的集合，是二维几何元素，用于表达所有的面特征几何元素。简单的面特征由单个环的多边形表达。当环是嵌套的时候，内部环和岛环相互交替。多边形中的环可以不连接，但不能覆盖。

外接矩形表达特征的空间范围，由平面矩形的最大最小坐标定义，也可以由三维图形最大最小坐标定义；矩形的边界平行坐标系统的坐标轴。所有的几何元素都有外接矩形，用于特征的快速显示和空间选择操作。

线段（Segment）、链（Path）和环（Ring）是特征形状的组合几何元素。线段是由一个起点和终点组成，且点之间由一个函数定义的曲线。

线段有直线段、圆弧、椭圆弧和 Bezier 曲线四种类型。

直线段是由两个端点定义的线段，是线段的最简单类型。直线段用于表达直线结构，如公路、地块的边界等。

圆弧是圆的一部分。圆弧最常用的地方是表达道路的转弯，并广泛用于坐标几何（COGO）。但它作为特征的一部分时，与要连接的线段是相切的。

椭圆弧是椭圆的一部分。不经常用于表达特征，但可以用于近似过渡的图形，如公路斜坡的一部分。

Bezier 曲线是由 4 个控制点定义的曲线，是由三次多项式定义的参数曲线，常用于表达光滑的特征，如河流和等高线等。在注记时也经常使用。

链是相连接的线段的序列。链中的线段是不相交的。一条链可以由任意多个直线段、圆弧、椭圆弧或 Bezier 曲线组成。链用于构造折线。

通常由链组成的线段彼此之间是相切的。这意味着线段的连接是按照相同的角度的。例如，道路是由典型的直线段和圆弧组成的。当一条线和圆弧连接时，是以同样的角度，或彼此相切连接的。等高线也是如此，是由 Bezier 曲线相切连接的。

环是一条闭合的链，具有明确的内部和外部。

链的起点和终点坐标是一样的，环被用于构造多边形。

特征或对象具有以下特点：

①特征具有形状，如点、线和多边形。

②特征具有空间参考，如地理坐标或投影坐标。

③特征具有属性。

④特征具有子类，如建筑物分为居住、商业和工业建筑物等。

⑤特征具有关系，如非空间对象之间的关系，房屋和户主的关系。

⑥特征属性取值可以被约束在一个范围内。

⑦特征可以通过规则加以验证。

⑧特征之间具有拓扑关系。

⑨特征具有复杂的行为。

（2）对象的几何模型

面向对象的矢量数据的几何模型用UML表达了几何元素的构造关系。这个模型对程序设计者非常有用，同时也将数据模型细化到了特征形状的结构关系。

（3）类定义

面向对象的数据模型是数据集、特征类、对象类和关系类的集合，是按照无缝图层组织和管理地理数据的。它不是将地理区域划分为切片的单元；相反，是使用有效的空间索引来表达连续的空间范围。

数据集有三种基本类型，即特征数据集、栅格数据集和TIN数据集，分别用于表达矢量、栅格和TIN数据。

特征数据集是特征类的集合，具有共同的坐标系统。可以选择组织一个简单的特征类，位于特征数据集内或外，但拓扑特征类必须包含在特征数据集内，以保证处于一个公共的坐标系统。

栅格数据集要么是简单的数据集，要么是由多波段或分类值形成的组合数据集。

TIN数据集是由一组具有三维坐标顶点的不规则三角形构成的，用于表达一些类型的连续表面。

特征类是具有相同几何类型的特征的集合，包括简单特征类和拓扑特征类。

简单特征类包括彼此之间没有任何拓扑关系的点、线、多边形或注记特征，即在一个特征类中的点是一致的，但不同于来自其他特征类的线的端点。这些特征可以独立编辑。

拓扑特征类是与一个图形绑定的，这个图形是一个对象，绑定了具有拓扑关系的一组特征，如ArcGIS的几何网络。

对象类是数据模型中的与行为有关的数据表。对象类保留了描述与地理特征有关的对象的信息，但不是地图上的特征。例如，对象类可能是地块的所有者。据此，可以在数据库中建立地块的多边形特征类与所有者对象类之间的联系。

关系类是存储了特征之间，或两个特征类对象之间，或表之间关系的一个表。关系模型依赖于对象之间的关系。当一个对象被删除或改变时，通过关系，可以控制与之相关的对象的行为。

（4）Coverage

Coverage 数据模型是空间特征数据、属性特征数据和与特征有联系的拓扑关系的结合体。空间特征数据使用二进制文件存储，属性特征数据和拓扑关系用关系数据库表存储。Coverage 数据模型包含的特征类是同类的特征集合。

Coverage 的主要特征类型有点、弧段（线，Arc）、多边形和节点。这些特征具有拓扑关系。弧段形成多边形的边界，节点形成弧段的端点，标志点形成多边形的内点（中心点）。点具有两重意义，一是实体点，二是标志点。Coverage 的第二类特征是控制点（Tic）、链接（Link）和注记。控制点用于地图的配准，链接用于特征的调整，注记用于在地图上标识特征。

Coverage 也包含一些组合特征。路径是与测量系统有关的弧段的集合。路径的最常用例子是交通运输系统。区域（Region）是多边形的集合，它们可能是邻接的、非连接的或重叠的。区域用于土地利用或环境应用。

（5）Shapefile

具有拓扑关系的数据集提供了丰富的地理分析和地图显示的基础。但一些地图使用者更愿意使用较为简化的简单特征类数据格式。简单特征类用点、线、多边形存储特征形状，但不存储拓扑关系。这种结构的最大优点是简单和显示快速，但缺点是不能强化空间约束。例如，当制作一幅土地分类图时，希望保证形成地块的多边形不重叠，或彼此之间没有缝隙，简单特征类却不能保证这类空间完整性。但简单特征类可以形成大的、有效的地理数据集，并能有效用于地图的背景图层。

Shapefile 主要由包含空间和属性数据的 3 个主要文件构成，也可能包括任选具有索引信息的其他文件。这些文件可以是点、点集、折线或多边形组成的同类特征的集合。点文件包含一些具有点几何元素的特征，点具有独立坐标对。点集文件包含点集几何元素的特征，多个点表达一个特征。线文件包含折线几何元素的特征。折线由链组成，是一组线段的简单连接；链可以是不连接的、连接的或相交的。多边形文件包含多边形几何元素的特征。多边形包含一个或多个环。环是封闭的链，但自身不相交。多边形中的环可以不连接、嵌套或彼此相交。属性数据表存储在嵌入式 dBASE 文件中，其他对象的属性存储在另外的 dBASE 表中，可以通过属性关键字与 Shapefile 文件关联。

Coverage 模型与 Shapefile 模型的主要区别是，前者具有拓扑关系，后者没有拓扑关系；前者有多个类，后者只有一个类。

（6）CAD Drawings

大量的地理数据按照 CAD Drawings 文件组织。CAD 文件的一个特点是特征被典型地分解为许多图层。CAD文件的图层与地图的图层具有不同的意义。在CAD文件中，它表达一组类似的特征。在地图上，它表达对一个地理数据集或与绘图方法有关的特征类的引用或参照。CAD数据集是CAD Drawings文件的目录表达。它被分解为CAD特征类。每个特征类聚集了点、线、多边形和注记的图层的全部。如果一个CAD数据集由17个图层构成（3个点层，8个线层，4个多边形层，2个注记层），那么它们将构成一个点特征类、一个线特征类、一个多边形特征类和一个注记特征类。

### 2. 栅格数据模型

栅格数据表达中，栅格由一系列的栅格坐标或像元所处栅格矩阵的行列号$(I,J)$定义其位置，每个像元独立编码并载有属性。栅格单元的大小代表空间分辨率，表示其表达的精度。在GIS中，影像按照栅格数据组织，影像像素灰度值是栅格单元唯一的属性值。栅格单元的值可能是代表栅格中心的取值，也可能是代表整个单元的取值。

栅格数据具有不同的类型，栅格数据模型具有不同的存储格式。

（1）栅格数据来源

栅格数据表达影像或连续数据。栅格数据的每个单元（或像素）是测量的量。栅格数据集最常用的数据源是卫星影像、航空影像、某个特征的照片，如建筑物的照片、扫描的地图文件、矢量转换成的栅格数据等。栅格数据主要用于存储和操作连续数据，如高程、污染物浓度、环境噪声水平、水位等。

（2）栅格数据类型

栅格数据有两个基本的类型，即专题数据和影像数据。专题数据可能用于土地利用的专题分析，影像数据可能用于其他地理数据的地图和导出专题数据。

专题栅格数据的每个单元（像素）的值可能是一个测量值或分类值。制图时，表达为专题地图，包括空间连续数据和空间离散数据。

空间连续数据的栅格单元值可能是高程、污染物浓度、降雨量等。从一个单元到另一个单元，其值是连续变化的和具有共性的，其值可以建模为某些表面模型，其值是单元中心的采样值。

空间离散数据表达的是类或数据的分类，如土地所有者类型或植被分类。从一个单元到另一个单元的值是相同的或激烈变化的。数据类型表现为具有共同值的一组分区，如土地利用图或林分图。栅格单元的值表示整个单元的值。

栅格数据可用于对离散的点、线和多边形特征进行表达。

影像数据是由成像系统获取的数据。成像系统记录栅格数据是基于一个或多个波段的光谱反射值或辐射值。相片主要记录红、绿、蓝波段的光谱反射值，卫星影像则有更宽的光谱反射或辐射范围，用于分析地球表面或植被。

栅格数据主要用于地图、土地和地表覆盖分类、水文分析、环境分析、地形分析等。

（3）栅格数据建模

栅格数据由栅格单元构成。每个单元具有统一的单位，表达地表上的一个定义的区域，如一平方米或一平方千米。每个单元的值表达这个位置的光谱反射值或辐射值，或其他特性取值，如土壤类型、人口数据或植被分类等。单元的其他值用属性表存储。

栅格单元的属性值定义了单元位置上的分级、分组、分类或测量值。栅格单元的值是数值型的，如整数的或浮点数的。

当栅格单元的值是整数时，它可能是一个更为复杂的识别代码。如“4”可能代表一个土地利用格网上的 4 个独立的居住单元个数，与这 4 个值相联系的可能是一系列属性，如平均的商业价值、平均的居住人数或调查编码等。

栅格单元值（或代码）之间通常具有一对多的关系，并将栅格单元的个数赋给这个代码。例如，在土地利用格网上，有 400 个单元或许与值“4”有关（代表单一家庭住宅），150 个单元与值“5”有关（代表商业分区）。

代码值在栅格数据中可以出现多次，但在属性表中仅出现一次，用于存储与代码有关的附加属性。这种设计减少了存储和简化了数据更新。对于一个属性的单个变化，可以用于数百个值。

栅格单元的数值类型有名义型、序数型、区间型、比率型等。

名义数据值标识和区分不同的实体。这些值用于建立与单元有关的位置上的地理实体的分级、分组、个数或分类。这些值可能是一个实体的品质值，也可能不是一个品质值。可能与一个固定的点或线性尺度没有关系。土地利用的代码、土壤类型或其他属性特性都属于这一类取值。

序数值定义了一个实体相对于另一个实体的排序。值代表实体所处的排位，如第一、第二、第三等。但它们没有大小或相对的比例之分。它们可以区分实体的品质，如这个比那个更好等。

区间值表示在一个尺度上的测量值，如每天的时间、温度变化、pH 值等。这些值位于一个标定的尺度上，与实际的零点没有关系。区间值之间可以相互比较，但与零点的比较没有意义。

比率值是相对一个固定的或有意义零点尺度上的测量值。可以对这些值进行数学运算，以获得预测或有意义的结果，常用于年龄、距离、权重或植被指数等。

栅格数据是按照栅格数据所表达的类型分层组织和存储的。在 GIS 数据库中，对于分层的栅格数据的存储结构有三种基本方式。

①基于像元。以像元作为独立存储单元，每个像元对应一条记录，每条记录中的记录内容包括像元坐标及其属性值的编码。不同层上同一个像元位置上的各属性值表示为一个数组。

②基于层。以层作为基础，每层又以像元为序，记录坐标和属性值，第一层记录完后再记录第二层。

③基于多边形。以层作为基础，每层以多边形为序，记录多边形的属性值和充满多边形的各像元坐标。

在数据无压缩存储的情况下，栅格数据按直接编码顺序进行存储。所谓直接编码，是将栅格数据看成一个数字矩阵，数据存储按矩阵编码方式存储。

根据栅格单元的邻近性特点，栅格单元的记录顺序可以按照特定的编码顺序记录，如 MORTON 编码、HILBERT 编码或 GRAY 编码等。

### 2.2.5 连续表面数据模型

连续表面用于表达有限点数的具有 $z$ 值的连续场。连续表面数据模型常用的有两种类型，即栅格数据模型和不规则三角网（TIN）模型。常见的应用是对如地形变化这类连续值的建模表达。

栅格数据按照采样的位置或 $z$ 值的插值将表面表达为规则的格网。TIN 将不规则的采样点，按照每个顶点都具有 $(x,y,z)$ 三维坐标的三角形所构造成的不规则三角网表达为表面。

#### 1. 表面的栅格数据表达

栅格数据采用具有 $z$ 值的位置，按照均匀间隔的栅格将表面表达为格网，值的位置是格网中心，是数据矩阵形式的。任意位置的表面估值可以通过格网点的 $z$ 值直接插值获得。

栅格单元的大小称为空间分辨率，表示对表面表达的精度。使用栅格数据表达表面具有较低的成本，如地形变化的 DEM 数据。栅格数据支持丰富的空间分析功能，如空间一致性、邻近性、离差、最小成本距离、通视性等分析，以及坡度、坡向、体积等计算，可以表现出较快的计算性能。

栅格数据表达表面的缺点是像谷底线、山脊线等特性线不能很好地融入表面不连续性的表达中。一些重要的特征点的位置，如山峰，在采样时可能丢失，这会影响表面的精细表达。

栅格数据适合小尺度的制图应用，是因为位置精度要求不是很高，表面特征不要求精细表达。

### 2. 表面的 TIN 数据表达

表面可以用连续的、不重叠的三角面表达。表面任意位置的值可以通过简单的或多项式的插值获得。

由于在地形变化表达时，TIN 的采样点是不规则的，所以对数值变化剧烈的区域采集密集的点，变化平缓的区域采集较为稀疏的点，这样有利于产生高精度的表面模型，如数字地形表面。TIN 模型保留了原始表面特征的形状和精确位置。区域特征，如湖泊和岛，可以通过一组闭合的三角形边界表达。线性特征，如谷底线、山脊线，可以通过一组连接的三角形边界表达，其中山峰可以表达为三角形的顶点。特性线可以作为表面建模的约束条件，实现表面模型的精细建模。

TIN 支持各种表面数据分析，其缺点是不可即时获得，需要进行数据采集。TIN 适合大尺度的制图应用，其位置和表面形状需要精确表达的场合。

TIN 的定义：构成 TIN 的每个三角形由具有 $(x,y,z)$ 坐标的三个点组成，是一个空间三角面。由这些三角面相互连接，不重叠构成三角网络。

如果给定一组离散的数据点，构建三角网的可能结果会有多种，不同的方法构建的 TIN 精度有差别。使用狄罗尼多边形作为约束和优化，是其中的一种方法。狄罗尼构建规则是对任意一个三角形，根据三个顶点绘制一个圆，内部不包含任何其他的三角形顶点。

TIN 除了存储三角网的顶点坐标数据外，还应存储三角形之间的拓扑关系。

### 3. 表面模型的精细化建模

在创建 TIN 时，可以加入一些表面的特征元素作为约束条件，使表达的表面模型更精确、精细和符合实际情况。这些特征元素包括山峰、控制点、等高线、谷底线、山脊线、河流、湖或其他可使用的特征元素。这些特征元素的添加会改变 TIN 的表面形状，它们与数据点一同构成 TIN 表面。

点特征具有测量的 $Z$ 值，构网后作为三角形的顶点按原位置和值被保留。

线特征是自然的线性特征线，有两种类型：硬线和软线。硬线是坡度不连续的分界线，如河流的中心线、山脊线、谷底线等。表面总是连续的，但它的坡度变化不一定。硬线保留了表面的剧烈变化特征，改善了对 TIN 的分析和显示。软线允许添加线性特征的边界，但不代表它是表面的坡度不连续性的变化的地方。如添加一条道路到 TIN，但它不会明显改变表面的局部坡度，坡度变化不受它的影响，不参与构网。

面特征是一些多边形区域，有四种类型：置换多边形、擦除多边形、剪裁多边形和填充多边形。置换多边形的边界和内部被赋予了同一个 $z$ 值，用于替换表面中某个区域的数据点。擦除多边形用于标记多边形的内部所有区域，构网时，仅在这个多边形外部的数据点才参与构网。在进行体积计算、绘制等值线或插值计算时，忽略这些区域。剪裁多边形标记多边形的外部所有区域，构网的数据点仅局限在内部和外部分别构网，是构网的分界线。填充赋予多边形区域一个整数属性值，不替换 $z$ 值，不擦除也不剪裁，仅起到补充数据点的作用。

TIN 模型是每个数据点具有单一的 $z$ 值表面。有趣的是 TIN 表达的表面，其数据点在三维空间，但三角面的拓扑网络被约束在二维空间。因此，有时将 TIN 表面称为 2.5 模型。这种说法还不够准确，准确的说法应该是表面具有在三维空间可量测的点，但每个点仅具有一个 $z$ 值，$z$ 值是平面位置 $(x,y)$ 的函数，应称为函数表面。因此，TIN 是一个单值函数的例子，给定一个输入值的位置，仅可以插值得到一个 $z$ 值。TIN 的一个轻量的限制是不能对偶尔出现的负斜率表面进行表述的，如斜率跳变的悬崖或洞穴。这需要使用一些技术来进行处理。

### 2.2.6　网络数据模型

网络是 GIS 的一种特殊数据，是建立网络数据分析的基础。网络分析是 GIS 的重要应用分析内容。存在于现实世界的网络有多种类型，如电网、电信网、地下管网、河网、路网等。

一个支持网络分析的网络数据模型，由几何网络和逻辑网络两部分组成。几何网络，由线性系统的一组特征组成，是边界和连接点的集合。边界和连接点称为网络特征元素，表现为图形和属性表。边界特征元素是网络的线性特征元素，如管线、电力线、电线、河流等，一条边界有两个节点。网络的连接点特征元素是网络的线性特征元素的连接节点，如装配接头、阀门、消防栓、开关、保险丝、仪表、回合点、测试站点、水质检测设施等，一个节点可以连接任意多的边界。逻辑网络，是与几何网络相联系的，定义非图形化的网络关系。逻辑网络表现为联系表。它与几何网络最大的区别是没有坐标、几何特征，但有元素。逻辑网络描述几何网络元素之间可能存在的关系，可能的关系包括一对一、一对多等。元素是与特征相联系的，编辑特征，影响元素。

一个几何网络可以包含任意多的特征类元素。上述例子中，有一个连接点特征类（城市）和两个边界特征类（铁路和公路）。

逻辑网络对应于几何特征，ID是特征类的标识编码，每个特征类与一个特定的特征ID编码对应。逻辑网络对它的元素产生自己的元素ID编码。

对网络数据进行建模时，包括以下内容。

### 1. 简单边界连接

当几何网络的边界连接关系较简单时，可以直接建立逻辑网络。有时也需要对管段进行简单的分割处理，如将一根管段，通过节点简单分为三个管段。

例如，有一条主供水管线向两个供水区域供水，根据网络建模的要求，需要在两个供水阀门处增加两个连接点。作为简单边界处理，只需要增加节点，将一条管线简单分为三条管段即可。几何特征与逻辑元素之间只有一对一的关系，形成的网络称为简单逻辑网络。

### 2. 复杂边界连接

构成逻辑网络的管段不能简单分为三段，须定义子管段与主管段的关系。

上述例子中，作为一种复杂边界处理，主供水管线从一条边界特征产生了三个边界元素。每个边界元素被赋予相应的三个子编码（e1-1，e1-2，e1-3）。逻辑网络也做了相应的改变。几何特征与逻辑元素之间只有一对多的关系，形成的网络称为复杂逻辑网络。

### 3. 复杂的连接点

对于复杂的连接点，需要进行几何和逻辑上的处理。复杂的连接点处理经常出现在电力网络中。

### 4. 流向定义

对于具有流向的线特征，需要定义流向。有时可以通过改变节点的顺序实现。在几何网络中，所有的边界特征都有数字化方向。

例如，在河流网络的例子中，水流的方向总是指向汇流点，其方向可能与数字化方向同向，也可能反向。流向属性的定义在逻辑网络的边界元素表中，可能的取值只有两种可能：同向与反向。流向信息的定义是严格的，它影响网络分析的正确性。

### 5. 网络其他属性定义

在进行网络分析时，需要定义网络元素的权重（消费代价，成本）、网络标志点（网络分析路线的必经点）、网络障碍点（网络元素失效的位置）等。

动态分段数据结构是图层与线性量测系统，如里程标志系统结合形成的一种数据结构。在 Arc/INFO 中，使用区段、路径和事件三个基本元素来描述。区段指线图层的弧段和沿弧段的位置。因为线图层的弧段是由一系列真实世界坐标$(x,y)$构成的，并以真实世界坐标来量测。路径是区段的集合，诸如高速公路、自行车道、河流等线性对象。与路径关联的属性数据称为事件。诸如路况、事故、限速等事件，均以里程标志类的线性系统量算。但只要事件具有其位置，事件与路径就能联系起来。

## 2.3 元数据

随着计算机技术和 GIS 技术的发展，特别是网络通信技术的发展，空间数据共享日益普遍。管理和访问大型数据集的复杂性正成为数据生产者和用户面临的突出问题。数据生产者需要有效的数据管理和维护办法；用户需要找到更快、更加全面和更有效的方法，以便发现、访问、获取和使用现势性强、精度高、易管理和易访问的地理空间数据。在这种情况下，空间数据的内容、质量、状况等元数据信息变得更加重要，成为信息资源有效管理和应用的重要手段。地理信息元数据标准和操作工具已经成为国家空间数据基础设施的重要组成部分。

在地理信息系统应用中，元数据的主要作用可以归纳为以下几个方面：

（1）帮助数据生产单位有效地管理和维护空间数据，建立数据文档，并保证即使主要工作人员离岗时，也不会失去对数据情况的了解。

（2）提供有关数据生产单位数据存储、数据分类、数据内容、数据质量、数据交换网络及数据销售等方面的信息，便于用户查询检索地理空间数据。

（3）帮助用户了解数据，以便就数据是否能满足其需求做出正确的判断。

（4）提供有关信息，以便用户处理和转换有用的数据。

可见，元数据是使数据充分发挥作用的重要条件之一，它可以用于许多方面，包括数据文档建立、数据发布、数据浏览、数据转换等。元数据对于促进数据的管理、使用和共享均有重要的作用。

### 2.3.1 元数据的概念

元数据是关于数据的描述性数据信息，它应尽可能多地反映数据集自身的特征规律，以便于用户对数据集的准确、高效与充分的开发与利用。不同领域的数据库，其元数据的内容会有很大差异。通过元数据可以检索、访问数据库，可以有效利用计算机的系统资源，可以对数据进行加工处理和二次开发等。

到目前为止，科学界关于元数据认识的共同点是：元数据的目的就是促进数据集的高效利用，并为计算机辅助软件工程（CASE）服务。“在地理空间数据中，元数据说明空间数据内容、质量、状况和相关背景信息，便于数据生产者和用户之间的交流。①”

### 2.3.2 元数据的内容

元数据的内容包括：

（1）对数据集的描述，对数据集中各数据项、数据来源、数据所有者及数据序代（数据生产历史）等的说明。

（2）对数据质量的描述，如数据精度、数据的逻辑一致性、数据完整性、分辨率、元数据的比例尺等。

（3）对数据处理信息的说明，如量纲的转换等。

（4）对数据转换方法的描述。

（5）对数据库的更新、集成等的说明。

### 2.3.3 元数据类型

为更加充分地了解、使用元数据，通常情况下要对元数据进行分类的研究。分类原则的不同，往往会使元数据的分类体系和内容上存在巨大的差异。下面介绍了几种不同的元数据的分类体系。

**1. 根据元数据的描述对象分类**

按此种方法一般将元数据分为三个类型。

（1）属性元数据

关于属性数据的元数据，内容包括表达数据及其含义所建的数据字典、数据处理规则（协议）等，如采样说明、代数编码、数据传输线路等。

（2）实体元数据

描述整个数据集的元数据，内容包括数据集区域采样原则、数据时间跨度、数据库的有效期等。

（3）数据层元数据

描述数据集中每个数据的元数据，内容包括日期邮戳（指最近更新日期）、位置戳（指实体的物理地址）、量纲、注释（如关于某项的说明）、缩略标志、误差标志（可通过计算机消除）、存在问题标志（如数据缺失原因）、数据处理过程等。

① 黄正东，于卓，黄经南．城市地理信息系统[M]．武汉：武汉大学出版社，2010：60.

### 2. 根据元数据的内容分类

不同性质、不同领域的数据，元数据当然会有所不同；而且建设的数据库具有不同的应用层面，或想达到的目的不同。

以上两者的存在是导致元数据内容差异的主要原因。根据原因的不同，又可以将元数据划分为三种类型。

（1）模型元数据

用于描述数据模型的元数据与描述数据的元数据具有大致相同的结构，它包括模型名称、模型类型、模型参数、建模过程、边界条件、建模使用软件、作者、引用模型描述、模型输出等内容。

（2）评估型元数据

主要服务于数据利用的评价，包括数据最初收集情况、数据获取的方法和依据、收集数据所用的仪器、数据处理过程和算法、采样方法、数据质量控制、数据精度、数据的可信度、数据潜在应用领域等方面内容。

（3）科研型元数据

其主要目标是帮助用户获取各种来源的数据及其相关信息，其任务是帮助科研工作者高效获取所需数据。它包括的内容不局限于那些传统的、图书管理式的元数据，比如数据源名称、作者、主体内容等，还涉及数据拓扑关系等。

### 3. 根据元数据的作用分类

元数据按作用被划分为两种类型。

（1）说明元数据

这类元数据更多的是一些关于数据库说明的描述性信息。一般用自然的语言表达相关的信息，比如元数据覆盖的空间范围、元数据图的投影方式及比例尺的大小、数据集说明文件等。它专门服务于使用数据服务的用户。

（2）控制元数据

这类元数据主要就是与数据库有关的操作方法的描述。这类元数据由一定的关键词和特定的句法来实现。其内容包括检索与目标匹配方法、数据存储和检索文件、分析查询及查询结果排列显示、目标的检索和显示、根据用户要求修改数据库中原有的内部顺序、数据转换方法、根据索引项把数据绘制成图、空间数据和属性数据的集成、数据模型的建设和利用等。总之，这类元数据是用于计算机操作流程控制的。

#### 4. 根据元数据在系统中的作用分类

由于元数据在系统中起到的作用不同，它被分为两种类型。

（1）系统级别（System-level）元数据

它所指的是用于实现文件系统特征或管理文件系统中数据的信息，如访问数据的时间、如何存储数据块以保证服务控制质量、数据的大小、在存储级别中的当前位置等。

（2）应用层（Application-level）元数据

它所指的是有助于用户查找、评估、访问和管理数据等与数据用户有关的信息，如文本文件内容的摘要信息、图形快照、描述与其他数据文件相关关系的信息。此类元数据常被用于高层次的数据管理，它可以帮助用户快速获取合适的数据。

### 2.3.4 空间数据元数据的应用

#### 1. 帮助用户获取数据

通过元数据，用户可对空间数据库进行浏览、检索和研究等。一个完整的地学数据库除应提供空间数据和属性数据外，还应提供丰富的引导信息，以及由纯数据得到的分析、综述和索引等。通过这些信息，用户可以明白一系列问题，如“这些数据是什么数据？”“这个数据库是否有用？”等。

#### 2. 在数据集成中的应用

数据集层次的元数据记录了数据格式、空间坐标体系、数据的表达形式、数据类型等信息；系统层次和应用层次的元数据则记录了数据使用软硬件环境、数据使用规范、数据标准等信息。这些信息在数据集成的一系列处理中，如数据空间匹配、属性一致化处理、数据在各平台之间的转换使用等是必要的。这些信息能够使系统有效地控制系统中的数据流。

#### 3. 数据存储和功能实现

元数据系统用于数据库的管理，可以避免数据的重复存储。通过元数据建立的逻辑数据索引，可以高效查询检索分布式数据库中任何物理存储的数据，减少数据用户查询数据库及获取数据的时间，从而降低数据库的建设和管理费用。数据库的建设和管理费用是数据库整体性能的反映。通过元数据可以实现数据库的设计和系统资源的利用方面开支的合理分配，数据库许多功能（如数据库检索、数据转换、数据分析等）的实现是靠系统资源的开发来实现的，因而这类元数据的开发和利用，将大大增强数据库的功能并降低数据库的建设费用。

### 4. 空间数据质量控制

无论是统计数据还是空间数据，都存在数据精确问题。影响空间数据精度的原因主要有两个方面：一是元数据的精度；二是数据加工处理工程中精度质量的控制情况。空间数据质量控制内容包括：①有准确定义的数据字典，以说明数据的组成，各部分的名称，表征的内容等；②保证数据逻辑科学地集成，如植被数据库中不同亚类的区域组合成大类区，这要求数据按一定逻辑关系有效地组合；③有足够的说明数据来源、数据的加工处理工程、数据解译的信息。

这些要求可通过元数据来实现，这类元数据的获取往往由地学和计算机领域的工作者来完成。数据逻辑关系在数据中的表达要由地学工作者来设计，是因为空间数据库的编码要求一定的地学基础；数据质量的控制和提高要由数据输入、数据查错、数据处理专业背景知识的工作人员来实现，而数据再生产要由计算机基础较好的人员来实现。所有这方面的元数据，按一定的组织结构，集成到数据库中构成数据库的元数据信息系统，来实现上述功能。

# 第 3 章　地理信息系统的数据结构

数据是地理信息系统的重要组成部分，整个地理信息系统采集、加工、存储、分析和表现等功能都是围绕空间数据展开的，因此，空间数据的获取对 GIS 后期的使用具有重要意义。而空间数据具有与其他数据不同的表现特征和表达方式，目前主要使用矢量数据形式和栅格数据形式表达地理空间数据，并形成不同的空间数据结构，GIS 内的空间操作和分析方法也会因为数据结构的不同而不同。

## 3.1　矢量数据结构

基于矢量模型的数据结构简称为矢量数据结构。矢量数据结构是利用欧几里得几何学中的点、线、面及其组合体来表示地理实体空间分布的一种数据组织方式。这种数据组织方式能很好地逼近地理实体的空间分布特征，具有数据精度高、存储冗余度低等特点。

矢量数据结构的构建主要是空间图形实体的定位和拓扑关系的建立。在数据结构中，如果不包含图形实体的局部空间位置，那么随着图形数据库数据量的增大，对图形实体的操作速度将降低。因为，该情况下所有的图形实体都将参与所有的计算和判别步骤。“为了加快数据检索和查询的速度，在数据结构中应包括记录图形实体范围的字段。[①]”为了达到节约存储空间的目的，许多商业 GIS 系统采用对图形区域进行网格化的有关算法。

### 3.1.1　矢量数据的特征和获取方式

#### 1. 矢量数据的特征

矢量数据根据坐标来直接存储，而点、线、面等空间实体的其他属性则存储于数据结构的其他位置。通过离散的点或线来描述地理现象及特征，借助坐标定位地理空间实体位置，因此定位非常明显。对矢量数据的操作更多的是面向目标对象，运算量一般要比栅格数据少；当然，矢量数据不像栅格数据那样容易与遥感数据结合。

#### 2. 矢量数据的获取途径

矢量数据最基本的获取方式就是利用各种定位仪器设备采集空间数据，例如，利用 GPS、平板测土仪等可以快速测得空间任意一点的地理坐标。通常，利用这些设备得到的

① 黄瑞．地理信息系统 [M]．北京：测绘出版社， 2010：22-23.

坐标是大地坐标（经纬度数据），需要经过投影方可被 GIS 所使用。

### 3.1.2　矢量数据结构编码的方法

#### 1. 实体式

实体式数据结构是指构成多边形边界的各个线段，以多边形为单元进行组织。

#### 2. 索引式

索引式数据结构采用树状索引以减少数据冗余并间接增加邻域信息，具体方法是对所有边界点进行数字化，将坐标对以顺序方式存储，由点索引与边界线号相联系，以线索引与各多边形相联系，形成树状索引结构。

#### 3. 双重独立式

双重独立式数据结构是对图上网状或面状要素的任何一条线段，用其两端的节点及相邻面域来予以定义。

#### 4. 拓扑式

拓扑结构编码法在数据编码时，已把关联关系存储起来，因此在输入数据的同时，输入拓扑连接关系，便可从一系列相互关联的链中建立拓扑结构。因此，利用拓扑结构编码法，可以直接地查询多边形嵌套和邻域关系的表达。

### 3.1.3　矢量结构的数据的输入、编辑和输出

在了解了矢量空间数据结构的基本知识后，接下来自然想解决的问题是：这种数据结构在实践中怎样运作和实现？现实中的资料怎样变为计算机数据？又怎样从计算机输出，表达成人们习惯的形式？本小节就来解决这个问题。

#### 1. 矢量结构数据的获取和输入

矢量结构的地理空间数据输入，包括空间数据和属性数据的输入两者。文字、数字形式的属性数据之输入与一般计算机数据一样，不用解释。在空间数据中，拓扑等空间关系数据，通常是在数据输入以后进行数据编辑整理的结果。因此，这里需要着重谈的是空间坐标数据的输入。在这方面，矢量数据结构一般采取下述四种途径。

（1）人机交互

直接从计算机键盘或鼠标输入。这是一种最基本的输入形式，常常作为其他输入方式

的辅助手段。例如，当需要补充一些点的$(x,y)$坐标时，可直接从键盘敲入；当需要在荧屏上添加、修改几何图形时，常用鼠标点绘；通过键盘或鼠标还可以指令软件平台自动给出所需图形，如椭圆或圆弧等。

（2）直接采用现成的矢量结构电子数据

现成的矢量数据通常有两类。一类是软件商和数据商提供的数据。较流行的商用数据常能应用于多种软件平台，例如Arc/INFO软件就能将USGS提供的DLG等商业数据转为自己的格式，直接应用。另一类是GIS的建设者自己利用现代化数字测量仪器采集到的地物坐标的电子数据，这些数据连同相关属性数据，作为数据文件一般能直接输入GIS中。

（3）从栅格数据文件转换而来

这一点将在本章后面讲述。

（4）通过手扶跟踪数字化仪输入

这一手段现在虽然已用得不多，但它对理解矢量数据输入的概念特别有用。

### 2. 矢量结构数据的前处理和编辑

输入计算机的矢量数据一般都有很多不足，如有重叠、短缺、不规范和不美观，以及尚无基本几何数据（长度、面积等）、拓扑结构等；因而还不能直接应用，需要经过一番处理，再加上属性数据，才能满足进一步的数据处理和分析的需要。这种为用户准备好基本达到要求的数据处理，有时称为数据的前处理或预处理（Pre-processing）。注意，预处理是计算机数据处理的一环，并不包括计算机输入前的数据准备工作。

在矢量数据的前处理工作中，有些工作是通过计算机程序自动完成的；但更多的数据整理工作需要进行人机交互，即用户利用GIS软件平台的某些功能，通过人工干预来整理数据。这种人机交互整理矢量数据的工作，通常称为矢量数据编辑，其中大量的工作是几何图形的编辑。实际的前处理工作常是人机交互整理和程序自动处理反复结合的过程。

### 3. 矢量结构数据的输出

GIS输出有两种主要形式：荧屏输出和硬拷贝输出。后者一般指通过绘图仪和打印机等设备在纸张上输出。现在真正以矢量数据形式输出的设备只有一种，即数字笔式绘图仪。它的绘图笔尖能够按程序指令自动地沿每一条线的坐标串，连接每两个相连的$(x,y)$，从而在图纸上画出线条。笔式绘图仪通常有八个不同颜色的绘图笔尖，能按地图设计的要求绘出黑白或彩色的图件。不过，现在笔式绘图仪已用得越来越少，因为以栅格数据形式输出的绘图设备，如喷墨绘图仪、喷墨打印机等，由于性能价格比迅速提高，已占绝对优势。荧屏输出也是采取栅格（点阵）形式。因此，目前在绝大多数情况下，矢量结构数据是转换为栅格数据结构的形式输出的。

在矢量数据输出方面，更值得注意的问题是地图符号和注记的输出。事实上，如果没有符号和注记，矢量数据输出时只能是没有任何地理意义的点、线和多边形几何图形。为了将矢量数据输出成地图，必须用符号和注记来可视化地表现空间对象的主要属性特征。为此，矢量形式的GIS软件通常也已制作或准备好很多种表达点、线和面状地物的符号和注记素材，并有指挥栅格形式的输出设备动作的功能。符号包括点状符号、线状符号和面状符号。符号和注记一般也是矢量图形，如矩形、圆圈或其他图案，以及矢量汉字等。

在具体的矢量地图数据输出时，用户或者采用软件平台现有的符号和注记材料，或者再加工生成新符号；同时，还要给出说明数据，具体指定哪一类地物（何种地理属性等）采用哪一种符号或注记，以及怎样实施等。

## 3.2　栅格数据结构

栅格数据结构实际就是像元阵列，每个像元由行列号确定它的位置，且具有表示实体属性的类型或值的编码值。点实体在栅格数据结构中表示为一个像元，线实体则表示为在一定方向上连接成串的相邻像元集合，面实体由聚集在一起的相邻像元集合表示。

栅格数据结构是以栅格数据模型或格网模型为基础的，其表达形式十分简单，即空间对象是通过规则、相邻、连续分布的栅格单元或像元表达的。

### 3.2.1　栅格数据层的概念

在栅格数据结构中，物体的空间位置就用其在笛卡尔平面网格中的行号和列号坐标表示，物体的属性用像元的取值表示。每个像元在一个网格中只能取值一次，同一像元要表示多重属性的事物就要用多个笛卡尔平面网格。每个笛卡尔平面网格表示一种属性或同一属性的不同特征，这种平面被称为层。

### 3.2.2　栅格数据的组织与取值方法

假定基于笛卡尔坐标系上的一系列叠加层的栅格地图文件已建立起来，那么如何在计算机内组织这些数据才能达到最优数据存取、最少存储空间、最短处理过程呢？如果每层中每个像元在数据库中都是独立单元，即数据值、像元和位置之间存在着一对一的关系，则按上述要求组织数据的可能方式有三种，如图3-1所示。

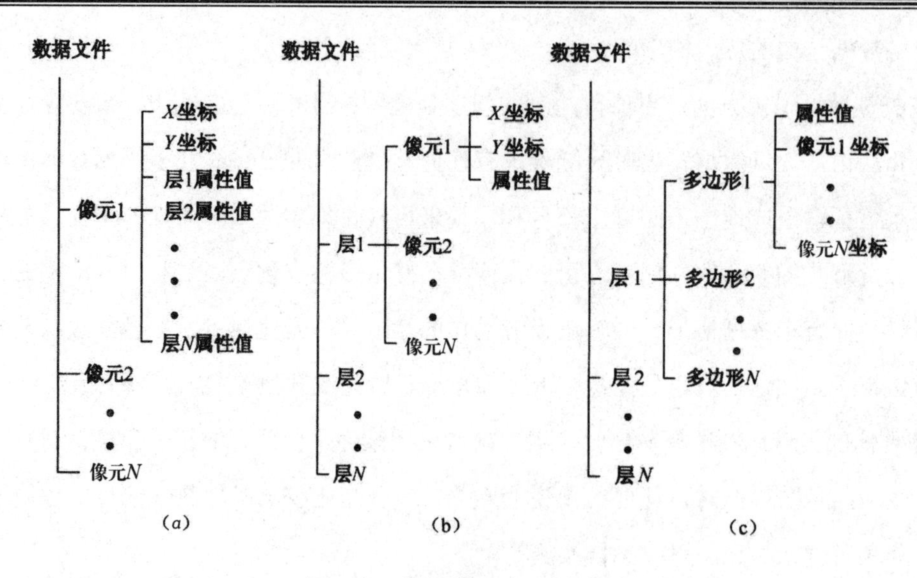


图 3-1 栅格数据组织方式

目前，对于这种多重属性的网格，有不同的取值方法。

中心归属法：每个栅格单元的值以网格中心点对应的面域属性值来确定。

长度占优法：每个栅格单元的值以网格中线（水平或垂直）的大部分长度所对应的面域的属性值来确定。

面积占优法：每个栅格单元的值以在该网格单元中占据最大面积的属性值来确定。

重要性法：根据栅格内不同地物的重要性程度，选取特别重要的空间实体决定对应的栅格单元值，如稀有金属矿产区，其所在区域尽管面积很小或不位于中心，也应采取保留的原则。

### 3.2.3 栅格数据的编码方式

#### 1. 直接栅格编码

直接栅格编码（Direct Raster Code）也称为二维矩阵编码，是最简单、最直观的一种栅格结构编码方式。它把规则格网平面作为一个二维矩阵进行数字表达，在格网中每一个栅格像元都具有相应的行列号；而把属性值作为相应矩阵元素的值，逐行逐个记录代码，可以每行都从左到右逐个记录，也可以奇数行从左到右而偶数行地从右向左记录，为了特定目的还可采用其他特殊的顺序。

在上述直接编码的栅格结构中，如果栅格矩阵是 $m$ 行、$n$ 列的，其中矩阵中的每个元素占用的存储容量是 $c$，则单个图层的全栅格数据所需的存储空间是 $m$（行）× $n$（列）× $c$。随着栅格分辨率的提高，存储空间将呈几何级数递增，一个图层或一幅图像将占据相当大的存储空间。因此，如何对栅格数据进行压缩是首先要解决的问题之一。

### 2. 链式编码

链式编码（Chain Code）又称为弗里曼链码或边界链码。链式编码主要是记录线状地物和面状地物的边界。它把线状地物和面状地物的边界表示为：由某一起始点开始并按某些基本方向确定的单位矢量链。基本方向可定义为：东 =0，东南 =1，南 =2，西南 =3，西 =4，西北 =5，北 =6，东北 =7 等 8 个基本方向。

### 3. 游程长度编码

游程长度编码（Run-length Code）是栅格数据压缩的重要编码方法，其编码方案是：只在各行（或列）数据的代码发生变化时依次记录该代码以及相同代码重复的个数，从而实现数据的压缩。

### 4. 块状编码

块状编码（Block Code）是游程长度编码扩展到二维的情况，采用方形区域作为记录单元，每个记录单元包括相邻的若干栅格，数据结构由四部分构成：初始位置行号、初始位置列号、块的覆盖半径和栅格单元的属性值。

### 5. 四叉树编码

四叉树编码（Quad-tree Code）结构的基本思想是将一幅栅格地图或图像等分为四个部分，逐块检查其格网属性值（或灰度）。

## 3.2.4　栅格数据结构的特点

栅格结构的显著特点是属性明显、定位隐含，即数据直接记录属性的指针或属性本身，而所在的位置则根据行列号转换为相应的坐标，也就是说，定位是根据数据在数据集中的位置得到的。

由于栅格结构是按一定的规则排列的，因此所表示的实体的位置很容易隐含在格网文件的存储结构中。在前面讲述栅格结构编码时可以看到，每个存储单元的行列位置可以方便地根据其在文件中的记录位置得到，且行列坐标可以很容易地转为其他坐标系下的坐标。在格网文件中，每个代码本身明确地代表了实体的属性或属性的编码，如果为属性的编码，则该编码可作为指向实体属性表的指针。

由于栅格行列阵列容易为计算机存储、操作和显示，因此，这种结构容易实现，且易于扩充、修改，也很直观，特别是易于与遥感影像结合处理，给地理空间数据处理带来了极大的方便。

需要注意的是，栅格模型最小单元与它所表达的真实世界空间实体没有直接的对应关系。栅格数据模型中的空间实体单元不是通常概念上理解的物体，它们只是彼此分离的栅格。例如，道路作为明晰的栅格是不存在的，栅格的值才表达了路是一个实体。道路是被具有道路属性值的一组栅格表达的，这条路不可能通过某一栅格实体被识别出来。

栅格结构表示的地表是不连续的，是量化和近似离散的数据。在栅格结构中，地表被分成相互邻接、规则排列的矩形方块（特殊情况下，也可以是三角形、菱形或六边形等），每个地块与一个栅格单元相对应。栅格数据的比例尺是栅格大小与地表相应单元的大小之比。在许多栅格数据处理时，常假设栅格所表示的量化表面是连续的，以便使用某些连续函数。由于栅格结构对地表的量化，在计算面积、长度、距离、形状等空间指标时，若栅格尺寸较大，则易造成较大的误差。由于在一个栅格的地表范围内，可能存在多于一种的地物，而表示在相应的栅格结构中常常是一个代码，也类似于遥感影像的混合像元问题，如 Landsat 的 MSS 卫星影像的单个像元对应地表 79m×79m 的矩形区域，影像上记录的光谱数据是每个像元所对应的地表区域内所有地物类型的光谱辐射的总和效果，因而，这种误差不仅有形态上的畸形，还可能包括属性方面的偏差。

栅格数据处理对某些任务来说非常有效，栅格模型的一个优点就是不同类型的空间数据层不需要经过复杂的几何计算就可以进行叠加操作，如两幅或更多幅的遥感图像的叠加操作等。但是它对某些任务来说就不那么有效了，如比例尺变换、投影变换等。栅格数据的表达形式非常适合于模拟空间的连续变化，特别是属性特征的空间变化程度很高的区域，如在卫星图像上所表现的海岸带分布。对数字计算机来说，栅格模型特别适用于刻画像地球重力场那样的连续的空间变量。栅格可以用数字矩阵来表达，它以一种简单的文件结构存储在磁盘中，文件按顺序含有像元的直接地址。数字扫描设备和视频数字化仪能够产生栅格形式的数据，许多输出设备也是基于栅格模式，如视频显示器、行式打印机和喷墨绘图仪。运用栅格模型进行数字图像处理和分析已被广泛应用于遥感、医学成像、计算机视觉和其他有关领域。

### 3.2.5 栅格结构的数据的输入、编辑和输出

#### 1. 栅格数据结构在 GIS 输入和输出上的优势

在地理信息系统的输入、输出上，栅格模式较矢量模式占明显优势，其原因有两个方面。一方面，栅格数据结构用数字矩阵来表达，结构简单，数据文件按顺序隐含像元的地址，非常适宜输入、输出设备的点阵方式实际运作。数字摄影机、数字摄像机、遥感器、

数字扫描仪等多种采集设备都生产栅格形式的数据；许多输出设备也是基于栅格模式，如显示器、行式打印机、静电绘图仪、喷墨绘图仪等。

另一方面，栅格图像在地学以外领域，特别是多媒体和互联网领域的应用，比矢量数据要广泛得多。而广泛的应用是科技发展最强有力的驱动因素。20 世纪 90 年代以来，随着互联网、多媒体技术及其应用飞速发展，栅格（点阵）模式的硬件技术进步很快，基于栅格数据结构的输入和输出设备的性能价格比迅速提高。在不到十年期间，大众型的彩色扫描仪降价达数十倍；彩色喷墨绘图仪以数万元一台的价格取代了数十万元一台的静电绘图仪等。因此，现在 GIS 领域无论是输入还是输出，栅格模式的设备占主要地位。

### 2. 栅格数据的采集、输入

地学中栅格结构的数据获取和输入途径主要有下述四种：

第一种是人工方式。人工方式相当于用一张透明薄膜纸蒙在需要数字化的地图上，薄膜纸上绘有规整格网，其外框与地图图幅相同；然后，用每一个像元在地图上的对应位置的地理属性作为像元数值，从而可写出矩阵数组；将此矩阵数组输入计算机，就形成栅格数据文件。

在这个过程中，唯一略须斟酌之处是有线条（线状地物或分区边界）穿过的像元的取值问题。事实上，取值方法没有一定之规，完全视研究目的或应用特点而定。例如，若穿过像元的是分区边界，可以采取在该像元中占较大面积的分区代码值；也可采用其他办法，如按照分区的重要性取值，或根据像元中心在哪个分区取值。若穿过像元的是线状地物，则需注意并不是任何被穿过的像元都能取值。这是为了保证线状地物的“单一连接”的特性。

第二种是从矢量数据直接转换。这一点将在下一节中讲述。

第三种是遥感数据。遥感数据作为电子数据文件，可直接读入计算机中。

第四种是扫描数字化。这一点需要稍加说明。

扫描数字化通过数字扫描设备（扫描仪）将硬拷贝（纸张、薄膜等）上的图形图像，转化为栅格数据。GIS 的扫描对象一般是地图，因而需要较大幅面的扫描仪，即工程扫描仪。由于用户数量有限，工程扫描仪不可能像现已大众化的小幅面（A4）彩色扫描仪那样大幅度降价，且不谈彩色工程扫描仪，黑白工程扫描仪至今仍比手扶跟踪数字化仪贵很多。常用的工程扫描仪是滚筒式自动光学扫描仪，其主体为一个旋转的滚筒，扫描时将地图固定在滚筒上。当滚筒旋转时，有光源和感应器沿滚筒来回匀速走动，均匀地、依次地感应一个个纸面单元的亮度，并将一行一行的记录直接输入计算机内，形成扫描栅格图像。目前市场上工程扫描仪的分辨率一般为 300 ～ 600 dpi（dots per inch，即每英寸扫描感应的点子数），能满足地图扫描分辨率的要求。

虽然工程扫描仪仍然比手扶跟踪数字化仪贵几倍，但由于扫描矢量化技术的迅速发展，经扫描的栅格地图向矢量数据格式的转换变得越来越简便。相比之下，手扶跟踪数字化方式的精度、工作速度和效率越来越显不足，其价格优势已逐渐失去意义。由此缘故，扫描矢量化已成为现在硬拷贝地图输入的主流方式。“扫描矢量化”，即将扫描仪形成的栅格地图数据转换成矢量数据格式的原理。

**3. 栅格数据的输出**

栅格数据的输出是栅格数据每个像元之值转化为输出画面上相应点位处灰度值的过程。我们曾多次说过，栅格数据模型相当于涂抹画的表达方式，栅格图像通过画面上每个单元的明暗或色调来表现空间实体的界线和形态。由于栅格数据结构用数字矩阵来表达，而许多输出设备也是基于栅格模式，当栅格结构数据输出时，人们不难利用每一个像元之值来直接或间接地控制输出的强度，使输出画面上相应点位处产生需要的灰度值。

初学者一般很关心彩色输出的问题。现在以计算机荧屏彩色输出为例来简要解释。事实上，任何颜色都可以用一定比例的三原色：红、绿、蓝（RGB）搭配调成；而荧屏上涂有三原色感光材料。为此，栅格数据彩色输出一般需要三个栅格数据文件。当栅格数据彩色输出时，三个栅格文件分别控制计算机显示设备的红、绿、蓝电子枪。

注意，三个栅格数据文件的格网是完全相同的；而荧屏也按计算机指令被分为规整格网，例如平常我们说某荧屏显示为800×600的分辨率，就是说该荧屏被分成800列、600行的格子。这样，同一像元在三个栅格文件中的数值，就可分别控制红、绿、蓝电子枪射向显示屏上对应像点的辐射强度。例如，第一行一列的像元在文件1、文件2和文件3中的值，分别控制红、绿、蓝电子枪，在荧屏上第一行一列的像点上，产生所需比例的红、绿、蓝综合叠加效果，形成所需的明暗和颜色。

当输出时只有一个栅格文件，那只能产生黑白图像，因为每个像元只有一个值，该值带动RGB三枪，其综合效果为黑白色。这时栅格像元的属性数据控制相应点位上的灰度，即黑白明暗程度。

在利用三个栅格文件进行彩色输出时，如果三个栅格数据本来就是由红、绿、蓝三原色波段采集来的，而且又分别用它们控制红、绿、蓝三色枪，那么，输出的就应是“原汁原味”的彩色图像。一般民用的摄像、放像设备基本上是如此运作的。在遥感图像处理中，卫星影像一般是多波段的，人们常用任意三个波段去控制红、绿、蓝三色枪，输出的彩色经常不是原汁原味的彩色图像。例如，美国陆地卫星TM 数据7个波段中，只有第1、第2和第3波段是通过蓝、绿、红三个可见光波段采集的；用这三个波段的像元数值，去分别控制显示设备的蓝、绿、红三个电子枪，显示屏上出现的大体就是天上看到的地面彩色图像。但是，如果采用其他三个波段的组合，或虽采用第 1、第 2 和第 3 波段但不按蓝、绿、红的顺序去控制电子枪，那么，所得到的彩色输出图像，都不会是从天上看到的地面彩色图像，而是有关专业人员常说的“假彩色”图像。

## 3.3　矢量与栅格数据的比较与转化

### 3.3.1　矢量与栅格数据的比较

矢量数据比栅格数据更加严密。矢量数据由于在编码过程中考虑点、线、面之间的拓扑关系，因此在进行拓扑操作时更加方便。矢量数据是通过记录节点坐标的方式来构建图形，不会因为图形的缩放而产生“锯齿”的现象，所以使得矢量数据的图形输出更为美观。然而，矢量数据的结构比较复杂，与栅格数据相比，叠加操作不方便，且表达空间性的能力较差，难以实现增强处理。

栅格数据通过行列号和像元值记录信息，数据结构简单，可以直接对指定的像元值处理，叠加操作简单。而且栅格值的变化可以有效表达空间的可变性。因为栅格数据具有可变性，可以通过像元值的调整，实现图像的增强处理，突出表达某一类信息。如在水文分析中，增强水体的专题信息；在城市扩张分析中，增强建筑用地的专题信息。然而，栅格数据的数据量较大，往往需要压缩操作，并且难以表达空间实体之间的拓扑关系。在图像输出时，栅格数据放大后会出现“锯齿”的现象，使得其图形输出不美观。

### 3.3.2　矢量与栅格数据的转化

矢量数据和栅格数据是一个 GIS 支持的两种重要数据格式，两者之间具有优势互补的特性。在数据分析、制图和显示时，经常需要进行两者之间的相互转换。

矢量和栅格数据之间的相互转换在 GIS 中是重要的。栅格化是指将矢量数据转换为栅格数据格式。栅格数据更容易产生颜色编码的多边形地图，但矢量数据则更容易进行边界跟踪处理。矢量数据转换为栅格数据也有利于与卫星遥感影像集成，因为遥感影像是栅格化的。

将矢量数据转换为栅格数据，有利于数据的显示，如可以建立金字塔结构的数据，实现多尺度显示和缓存显示；将矢量数据栅格化有利于利用栅格数据代数运算模式，进行空间分析，其计算成本会低于矢量数据运算；将栅格数据转换为矢量数据，便于对数据进行几何量测运算，如需要更高精度的距离和面积量算等。

栅格数据转换为矢量数据，需要将离散的栅格单元转换为独立表达的点、线或多边形。该转换的关键是正确识别点数据单元、边界数据单元、节点和角点单元，并对构成特征的数据单元进行拓扑化处理。

矢量数据转换为栅格数据，需要更具设定的栅格分辨率，将矢量数据的空间特征转换为离散的栅格单元，即将地图坐标转换为栅格单元的行列号，栅格单元的属性通过属性赋值获得。

**1. 矢量数据向栅格数据的格式转换**

在矢量数据向栅格数据格式转换之前，先设置栅格图像的分辨率。分辨率决定数据转换后的精度。选择栅格尺寸，既要考虑数据精度的要求、数据量的大小，又要考虑是否会引起信息的过多缺失。

然后根据公式，可求出转换后栅格的行列数，进而得出栅格数据的覆盖范围，最终可以估算数据量。

点、线、面三种实体由矢量数据转换成栅格数据格式的方法各不相同。

点矢量数据向栅格数据转换只须把已经记录下来的点坐标换算成行列号，然后向对应的栅格赋值即可。

线矢量数据向栅格转换需要求解线段所经过的网格单元集合。可以将折线、曲线等都看作由若干条的直线段组成或逼近。假设某一线段的端点坐标分别为$(x_1,y_1)$、$(x_n,y_n)$，且$y_n > y_1$。线段两端点所在栅格的行列号分别为$I_1$、$J_1$和$I_n$、$J_n$。设点$(x_i,y_i)$是直线段与栅格水平中心线的交点坐标，将该点代入转换公式就可以解出各个中间节点$(x_i,y_i)$的坐标值。根据点转换公式，由$(x_i,y_i)$计算出每个点对应的行列号，并对相应的像元赋值，便可实现线矢量数据向栅格数据的转换。

多边形矢量数据的栅格化须求解多边形所占的网格单元集合，然后进行统一赋值。多边形矢量向栅格图像转换的方法繁多，包括内部扫描算法、边界代数填充法、点扩散法、复数积分算法、射线算法，等等。内部扫描算法是把矢量图像叠加在栅格图像上，沿阵列的行方向对整幅栅格图像进行扫描，若遇到在多边形矢量边界上的栅格就记录下来，由此确定一行中的起始和末尾栅格，而两者之间的栅格均属于多边形范围，可以进行统一赋值。边界代数填充算法是一种基于积分思想的矢量格式向栅格格式转换的算法，适用于记录拓扑关系的多边形矢量数据转换。

**2. 栅格数据向矢量数据的格式转换**

栅格数据向矢量数据的格式转换的基本思路可以分为四步。

（1）图像二值化

图像二值化，就是把原本以不同灰度值度量的像元用0和1两个值来表示。例如，可以设定某一阈值，如果像元原灰度值大于阈值则设为1，否则设为0。

（2）提取特征点

图像二值化后的特征点，主要集中在像元值0和1的交界处。

（3）追踪特征点

如果特征点的连线是闭合的，则可以作为多边形要素；如果特征点的连线是非闭合的，则只能作为线要素；孤立的像元，则作为点要素。完成点、线、面矢量化后，就可以建立拓扑关系，以及与属性数据相关联的关系。

（4）几何要素化简

其关键是删除冗余节点。例如，直线在转换过程中可能进行了多次取点，应该删去冗余节点以节省存储空间。

栅格数据向矢量数据的格式转换需要从检测栅格数据的边界开始，并在此基础上进行细化。边界检测的结果很大程度上决定了最后的转换精度。双边界直接搜索法是一种广泛应用的边界检测算法，其基本思路是通过2×2栅格阵列表示可能存在的边界情况。沿行、列方向对栅格图像进行扫描，并对边界点和节点进行提取和标识，然后把边界点连成弧段，并记录弧段的左右多边形。

## 3.4 空间数据的拓扑关系

### 3.4.1 空间拓扑关系及其类型

#### 1. 拓扑的概念

“拓扑”一词来自希腊文，是指“形状的研究”。在地理信息系统中描述地理要素的空间位置和空间关系，几何信息和拓扑关系是必不可少的基本信息。几何信息涉及几何目标的坐标位置、角度、方向、距离和面积等，它通常用解析几何的方法来分析；而空间关系涉及几何关系的“相连”“相邻”“包含”等，它通常用拓扑关系或拓扑结构的方法来分析。

在地理信息系统中用拓扑关系来描述并确定空间的点、线、面之间关系及属性，并可实现相关的查询和检索。拓扑关系反映了空间中连续变化中的不变性，图形的形状、大小会因图形的变形而改变，但相邻、包含等关系却是不变的。几何形状相差很大的图形，它们的拓扑结构却可能相同。

### 2. 二维空间拓扑关系

从拓扑的观点出发，它更关心的是空间的点、线、面之间的连接关系，而不管实际图形的形状是怎样的。即使几何形状有很大差别，它们的拓扑结构也有可能是一样的。

对空间关系的研究，目前主要集中于对静态空间二维、三维的讨论，同时国内外学者正在深入研究区分各种更细微空间对象之间的空间拓扑关系。

Egenhofer 等在二维空间拓扑关系方面做出了很好的研究，早期他和 Franzosa 首先提出了四元组（四交叉，Four-intersection）空间拓扑关系形式化描述方法。

二维空间实体点、线、面可以看作由边界和内部组成的。因此，两实体之间的空间关系可以通过两者的边界和内部的交集是空（0）或是非空（1）来确定。

若$\partial k$、$k^0$表示拓扑空间$x$的子集$k$的边界和内部，则对于拓扑空间$x$的一对子集$A$和$B$，它们的边界$\partial A$、$\partial B$和内部$A^0$、$B^0$两两之交形成一个四元组关系 $SR_4$（$A$，$B$）即为

$$SR_4(A, B)=\begin{bmatrix}\partial A\wedge\partial B & \partial A\wedge B^0\\ A^0\wedge\partial B & A^0\wedge B^0\end{bmatrix} \tag{3-1}$$

由于四元组中每一交集皆有两种可能性，所以经排列组合有 $2^4$=16 种相互独立的情形，但实际上有些关系并不存在，有意义的仅 8 种。该描述虽能唯一、形象化和细微地表达空间目标的连接（Connectivity）和包含（Contain）等关系，但却不能很好、很细致地描述相邻地区（Neighbourhood）和从节点拆开（Disjoint）等关系。

在四元组基础上，Egenhofer 将此扩展到九元组，即空间拓扑关系可由两实体的边界（$\partial A$、$\partial B$）、内部（$A^0$、$B^0$）和外部（$A^{-1}$，$B^{-1}$）三部分相交构成的九元组 $SR_9$（$A$，$B$）来决定，即为

$$SR_9(A, B)=\begin{bmatrix}\partial A\wedge\partial B & \partial A\wedge B^0 & \partial A\wedge B^{-1}\\ A^0\wedge\partial B & A^0\wedge B^0 & A^0\wedge B^{-1}\\ A^{-1}\wedge\partial B & A^{-1}\wedge B^0 & A^{-1}\wedge B^{-1}\end{bmatrix} \tag{3-2}$$

考虑到其中的每个元素都有空（0）和非空（1）两种取值，可以确定 9 种元素有 $2^9$=512 种二元拓扑关系。对于二维区域，有 8 种关系是可实现的，并且它们彼此互斥且完全覆盖。这些关系分别为：相离（Disjoint）、叠加（Overlap）、相接（Touch）、相等（Equal）、覆盖（Cover）、被覆盖（Covered by）、包含（Contain）、在内部（Inside）。

使用九交矩阵也可以来表示拓扑关系。九交模型形式化地描述了离散空间对象的拓扑

关系。例如，在九交模型中，相离关系可以用布尔矩阵表示。0 值说明 interior（A）与 interior（B）或 boundary（B）没有公共点；同样，interior（B）与 boundary（A）没有公共点，boundary（A）与 boundary（B）也没有公共点。基于此模型可以定义空间数据库一致性原则，并应用于数据库更新维护中。而且，也可以把九交模型作为进一步研究空间关系的基础。

对于其他空间数据类型对，如（点，面）（point，surface）、（点，线）（point，curve），其拓扑关系可以用类似方式定义。一个点可以在一个面的内部、外部或者边界上；一个点可以是一条线的端点、内点或不在线上；一条线可以穿过面的内部，或者与一个面相接，或者与一个面相离。

拓扑属性描述了两个对象之间的关系。

### 3. 三维空间拓扑关系

在二维空间中，空间数据的采集、处理、表示以及分析基于一个平面，也就是说是通过平面上的二维平面坐标$(x,y)$来定义研究的对象，描述的是 2D 对象。而我们实际生活在一个三维世界里，应该用三维坐标$(x,y,z)$来描述。

作为基本数据类型，空间关系主要研究的是点、线、面之间的相互关系。拓扑关系反映了空间目标的逻辑结构，对空间目标查询、分析和重建具有重要意义。

吴立新等研究认为，可以采用相离（Disjoint）、相等（Equal）、相接（Touch）、相交（Cross）、包含于（In）、包含（Contain）、叠加（Overlap）、进入（Enter）、覆盖（Cover）、被覆盖（Covered by）、穿越（Pass）和被穿越（Pass by）共 12 种基本空间关系，表达 3D 空间中的点—点、点—线、点—面、点—体、线—线、线—面、线—体、面—面、面—体、体—体 10 类有理论价值和实际意义的空间拓扑关系。

（1）点—点空间关系 2 种，相接、相离。

（2）点—线空间关系 3 种，点与线相离、线的端点、点在线上。

（3）点—面空间关系 3 种，点在区域外部、点在区域边界上、点在区域内部。

（4）点—体空间关系 3 种，相离、相接、包含于。

（5）线—线空间关系 7 种，相离、相交、叠加、相等、相接、包含、包含于。

（6）线—面空间关系 5 种，相离、相接、进入、穿越、包含于。

（7）线—体空间关系 5 种，相离、相接、进入、穿越、包含于。

（8）面—面空间关系 10 种，分离、相接、相交、相合、包含、包含于、覆盖、被覆盖、穿越、被穿越。

（9）面—体空间关系 8 种，相离、相接、叠加、进入、包含于、包含、穿越、被穿越。

（10）体—体空间关系 8 种，相离、相接、进入、相等、包含于、包含、穿越、被穿越。

以上 10 类 54 种空间拓扑关系可以基于拓扑学理论，进行适当定义和数学描述。拓扑学是几何学的一个分支，它研究在拓扑变换下能够保持不变的几何属性——拓扑属性。不同种类的拓扑关系在实际情况中具有不同的应用。如相接关系有单点相接、两点相接、多点相接、线相接和面相接等多种情况，穿越与被穿越关系在城市 GIS、矿山 GIS 中有重要意义。

### 4. 拓扑关系的建立

拓扑关系的引入对研究几何目标的空间关系有着重要意义。如今绝大部分的 GIS 软件提供了完善的拓扑关系生成功能。从前面的知识里我们已经知道，拓扑观点更看重的是空间的点、线、面之间的连接关系，与几何形状无关，所以建立拓扑关系时只需要关注实体之间的连接、相邻关系，而节点的位置、弧段的具体形状等非拓扑属性并不会影响到拓扑关系的建立。

（1）点线拓扑关系的建立

点线拓扑关系的建立过程：在图形采集和编辑中实时建立，此时有两个文件表，一个记录节点所关联的弧段，另一个记录弧段两端点的节点。

（2）多边形拓扑关系的建立

建立多边形拓扑关系，我们首先需要按照多边形的 3 种不同存在状态分别对待：

第 1 种为独立存在的多边形，意思是此多边形与其他多边形无任何公共边界，如独立的一幢别墅。此类多边形仅涉及一条封闭的弧段，可以在数字化过程中直接生成。

第 2 种为有公共边界的简单多边形，在数据采集时，仅输入了边界弧段数据，然后用一种算法自动将多边形的边界聚合起来，建立多边形文件。

第 3 种为嵌套的多边形，在第 2 种的基础上，要将被嵌套的多边形考虑进来，如内岛。

第 1 种直接生成即可，而第 3 种又需要有第 2 种做基础，下面我们就以第 2 种情况为例，讨论多边形自动生成步骤方法。

第一步：进行节点匹配（Snap）。搜索时候就要以任意一弧度的端点为圆心，以给定容差为半径，产生一个搜索圈，并在圈内范围搜索其他弧段的端点。在搜索到以后就可以代替原来各弧段的端点坐标，将这些端点的平均值确定为节点的位置。

第二步：建立节点与弧度拓扑关系。在第一步完成的基础上，我们就可以给新产生的节点进行编号。这时候会产生两个表文件，分别记录节点所关联的弧段和弧段两端的节点。

第三步：多边形的自动生成。多边形的自动生成实际上就是建立多边形与弧段的关系，并将弧段关联的左、右多边形填入弧段文件中。建立多边形拓扑关系之前，先将所有弧段的左、右多边形都置为空，并将已经建立的节点与弧段拓扑关系中各个节点所关联的弧段按方位角大小排序。方位角是指从 $z$ 轴按逆时针方向转至节点与它相邻的该弧段上后一个（或前一个）顶点的边线的夹角。

建立多边形拓扑关系时，必须考虑弧段的方向性，即弧段沿起始节点出发，到终点节点结束，沿该弧段前进方向，将其关联的两个多边形定义为左多边形和右多边形，多边形拓扑关系是从弧段文件出发建立的。

注意：建立多边形拓扑关系的算法如下。

以从弧段文件中得到第 1 条弧段为起始弧段，并以顺时针方向为搜索方向，若起始、终点号相同，则这是一条单封闭弧段；否则根据前进方向的节点号在节点与弧段拓扑关系表中搜索下一个待连接的弧段。由于与每个节点有关的弧段都已按方位角大小排过序，所以下一个待连接的弧段就是它的后续弧段。在多边形建立过程中，将形成的多边形号逐步填入弧段—多边形关系表的左、右多边形内。

对嵌套多边形有些不同。在建立简单多边形以后或在建立过程中，需要采用多边形包含分析方法判别一个多边形所包含的多边形，并将被包含的多边形逆时针排序。

（3）网络拓扑关系的建立

网络拓扑关系的建立主要是确定节点与弧段之间的拓扑关系，GIS 软件可以自动完成这一工作，并且建立的方法与多边形拓扑关系很相似，只是多了一步多边形的建立。那么为什么要建立网络拓扑关系呢？在输入道路、水系、管网、通信线路等信息时，如果想对这些流量、连通性、最佳线路等信息进行更好的分析，使它更好地服务于现实世界，需要确定实体间的连接关系。

两条相互交叉的弧段在交点处也会有不需要节点的特殊情况存在，如道路交通中的立交桥在平面看起来相交，但实际并非连通的，这时需要手工修改，删除交叉处多余的连通节点。

### 5. 拓扑关系的意义

在地理信息系统中，空间数据的拓扑关系对于数据的分析处理有着重要的意义，主要体现在三个方面。

（1）可以利用拓扑关系查询空间要素。比如，某条铁路的沿线有哪些车站、某区域有哪些著名景点、某条河流可以为哪些范围的居民提供水源等，这些都需要借助拓扑关系数据。

（2）可以根据拓扑关系确定地理实体间的相对空间位置，而不需要利用到坐标和距离。因为拓扑数据清晰地反映着地理实体之间的逻辑结构关系，这种拓扑关系比起几何数据更加地稳定，它不会随地图投影的变化而变化。

（3）可以利用拓扑数据重建地理实体。如建立封闭多边形、实现道路的选取、进行最佳路径的计算等。

总之，拓扑关系在不需要坐标、距离信息的情况下反映着空间实体之间的逻辑关系，并且它不受比例尺限制，也不随投影关系变化而变化。所以说，在地理信息系统中，利用拓扑关系对空间数据进行组织、分析和处理对人们来说有着更加重要的意义。

### 3.4.2 矢量数据的空间关系

矢量数据的空间关系表达类型和方法是多样性的。但GIS软件一般会支持基本的空间关系表达功能。在空间数据显示和分析应用中，一些特定的空间关系，需要GIS应用软件的开发者建立。

#### 1. 拓扑空间关系

拓扑空间关系是GIS中重点描述的地理特征或对象之间的一种空间逻辑关系。“拓扑”（Topology）一词来源于希腊文，它的原意是“形状的研究”。拓扑学是几何学的一个分支，它研究在拓扑变换下能够保持不变的几何属性，即拓扑属性。理解拓扑变换和拓扑属性时，可以设想一块高质量的橡皮板，它的表面是欧氏平面，这块橡皮可以任意弯曲、拉伸、压缩，但不能扭转和折叠，表面上有点、线、多边形等组成的几何图形。在拓扑变换中，图形的有些属性会消失，有的属性则保持不变。前者称为非拓扑属性，后者称为拓扑属性。拓扑关系就是描述几何特征元素的非几何图形元素之间的逻辑关系，即拓扑关系只关心几何图形元素之间的关系，而忽略几何图形元素的形状、大小、距离和长度等几何特征信息。根据拓扑关系绘制的图形被称为拓扑图，图形元素之间的逻辑关系被描述，但几何特征信息被忽略，如计算机网络拓扑图或逻辑连接图，只描述了网络元素的逻辑连接关系，忽略了网络元素实际的形状和实际的距离。拓扑关系在GIS中，是以数据表数据文件的形式进行存储的。

在GIS中，拓扑关系主要用于描述点（节点，Node）、线（弧段）和多边形图形元素之间的逻辑关系。它们之间最常用的拓扑关系有关联关系、邻接关系、连通关系和包含关系。关联关系是指不同类图形元素之间的拓扑关系，如节点与弧段的关系、弧段与多边形的关系等。邻接关系是指同类图形元素之间的拓扑关系，如节点与节点、弧段与弧段、多边形与多边形等之间的拓扑关系。连通关系指的是由节点和弧段构成的有向网络图形中，节点之间是否存在通达的路径，即是否具有连接性，是一种隐含于网络中的关系，其描述通过连接关系定义。包含关系是指多边形内是否包含了其他弧段或多边形。下面是拓扑关系定义的一些例子。

（1）连接关系定义

弧段通过节点彼此连接，是弧段在节点处的相互连接关系。弧段和节点的拓扑关系表现了这种连接性。从起点到终点定义了弧段的方向，所有弧段的端点序列则定义了弧段与节点的拓扑关系。计算机就是通过在弧段序列中找到弧段之间的共同节点来判断弧段与弧段之间是否存在连接性。

（2）关联关系定义

这里以弧段和多边形的关联关系为例。多边形由弧段序列组成。

（3）邻接关系定义

弧段具有方向性，且有左多边形和右多边形，通过定义弧段的左、右多边形及其方向性来判断左、右多边形的邻接性。弧段的左与右的拓扑关系表现了邻接性。一个有方向性的弧段，沿弧段方向有左边和右边之分。计算机正是依据弧段的左边和右边的关系来判断位于该弧段两边多边形的邻接性。

除了上述特殊的空间拓扑关系，空间拓扑关系还用来描述空间实体之间的其他空间拓扑关系。

在 GIS 中，拓扑关系现在一般都使用与存储空间位置的关系数据库的数据表格形式存储，如前面介绍的连接性、邻接性、多边形区域定义等。但是，也可用矩阵的形式表达这些关系。多边形的区域定义可表示为关联矩阵，多边形的邻接性可表示为邻接矩阵。

拓扑关系除了术语上的使用之外，在数字地图的查错方面很有用途。拓扑关系检查可以发现未正确接合的线、未正确闭合的多边形。这些错误如果未被改正，可能会影响空间分析的正确性。例如，在路径分析时，断开的道路，会导致路径的错误选择。空间拓扑关系对提高空间分析的速度也是至关重要的，通过拓扑关系可以直接查找图形之间的关系，而不必通过比较大量的坐标来判断图形之间的关系；比较坐标以及条件来判断确定图形关系是费时的，特别是在进行有向网络路径跟踪或区域边界跟踪分析时，更是如此。

### 2. 空间方位关系

空间方位关系描述空间实体之间在空间上的排序和方位，如实体之间的前、后、左、右，以及东、南、西、北等方位关系。同拓扑关系的形式化描述类似，也具有多边形—多边形、多边形—点、多边形—线、线—线、线—点、点—点等多种形式上的空间关系。

计算点对象之间的方位关系比较容易，只要计算两点之间的连线与某一基准方向的夹角即可。同样，在计算点与线对象、点与多边形对象之间的方位关系时，只需将线对象、多边形对象转换为由它们的几何中心所形成的点对象，就转化为点对象之间的空间方位关系。所不同的是，要判断生成的点对象是否落入其所属的线对象和多边形对象之中。

计算线对象之间以及线—多边形、多边形—多边形之间的方位关系的情况是复杂的。当计算的对象之间的距离很大时，如果对象的大小和形状对它们之间的方位关系没有影响，则可转化为点，计算它们之间的点对象方位关系。但当距离较小并且外接多边形尚未相交时，算法会变得非常复杂，目前没有很好的解决办法。

**3. 空间度量关系**

空间度量关系用于描述空间对象之间的距离关系。这种距离关系可以定量描述为特定空间中的某种距离。这是几何图形中存在的固有关系，无须专门建立。

**4. 一般空间关系**

比如一个地块与其所有者之间的关系，这种空间关系是图形中不存在的。地块的所有者不是一个图形特征，在地图上不存在。用一般空间关系描述地块和其所有者之间的关系。另外，一些地图上的特征具有关系，但它们之间的空间关系是不清楚的，如一块电表位于一个变压器的附近，但它与变压器不接触。电表和变压器也许在拥挤的范围内，不能根据它们的空间邻近性可靠地定义它们之间的关系。

### 3.4.3 栅格数据的空间关系

栅格数据由于特殊的栅格单元排列关系，在表达点、线、面数据时，其空间关系的几何和拓扑关系比矢量数据简单。

点对象的关系是按照栅格的邻域关系推算的。线对象是通过记录位于线上的像素顺序表示的。面对象通常是按“游程长度编码”顺序表示的。

与矢量数据相比，栅格数据模型的一个弱点就是很难进行网络和空间分析。例如，尽管线很容易由一组位于线上的像素点来识别，但作为链的像素的链接顺序的跟踪就有点困难。多边形情况下，每个多边形很容易识别，但多边形的边界和节点（至少多于 3 个多边形交叉时）的跟踪就很困难。

# 第4章　空间数据库与数据模型

随着现代社会的不断发展，涌现出更多更复杂的数据资源，同时，面对不断猛涨的大量数据，人们对于这些数据的利用也提出了新的要求。计算机技术的迅速发展使得处理数据成为可能，这无疑推动了数据库技术的极大发展，但是人们提出了更深层次的问题：能不能从数据中提取蕴藏于其中的知识为决策服务。这些数据资源确实带来了信息、极大地满足了一些需求，但是，由于目前相对滞后的空间数据处理手段，大量空间数据只能被迫束之高阁，无法满足人们认识自然和推进社会可持续发展的需求。同时，研究专业系统的地学技术人员在使用传统的技术方法总结和表述经验规则，从外部输入系统形成知识库时，由于规则的复杂性、模糊性和难以表达性，往往会遇到严重的困难。这就急需新的方法和技术来处理这些海量数据。

由于空间数据的膨胀速度也在加快，并且极大地超出了常规的事务型数据，使得空间数据基础设施的建设速度和由此积累的空间基础数据也正在递增。而且，现代技术设备每时每刻都在采集和产生新的数据，同时也在存储和积累已经存在的数据。这些空间数据极大地满足了人类研究地球资源和环境的潜在需求，拓宽了可供利用的信息源。为更好地处理这些过量的空间数据，空间数据库也发展起来。

## 4.1　数据库概述

数据库（Database）是指存储在计算机中，按一定数据模型组织、可共享的数据集合。“数据库中的数据按一定的数据模型组织、描述和存储，具有较小的冗余度、较高的数据独立性和易扩展性，并可为各种用户共享；它是从文件管理系统发展而来的，是数据管理的高级阶段。”[①] 数据库有很多种类型，从最简单的存储各种数据的表格到能够进行海量数据存储的大型数据库系统，其在各个方面得到了广泛的应用。

### 4.1.1　数据与数据文件

#### 1. 数据组织的分级

数据组织的层次可以有两类分级方法，按逻辑单位分级和按物理单位分级。

---

①　张东明，吕翠花．地理信息系统技术应用 [M]．北京：测绘出版社，2011：81.

按逻辑单位分级是从应用的角度来观察数据的，是从数据与其所描述的对象之间的关系来划分数据层次的。数据的物理单位是指数据在存储介质上的存储单位，属于物理数据单位的层次是：比特、字节、字、块（物理记录）、桶和卷。

例如，一本书刊的内容若从逻辑上划分，其结构层次是章、节、目、段、句和词；若从物理上划分，其结构是卷、期、页、行、字。

### 2. 常用数据文件

（1）顺序文件

顺序文件是最简单的文件组织形成。最早的顺序文件是按记录来到的先后顺序排列，这种文件对记录的插入容易，但是对数据的检索，其效率比较低。例如，设一个信息系统需要存储10000个土壤剖面，每个记录存储一个土壤剖面，查找每个记录的时间为1s，则这种文件的平均检索时间为（10000+1）/2，即大约平均需要90min才能查找到所需记录的键号，其最大检索时间为166min。因此，需要将数据结构化，以加快数据的存取。

顺序文件的记录在逻辑上是按主关键字排序的，而在物理存储上可以有以下三种形式：

①向量方式：被存储的文件按地址连续存放，物理结构与逻辑结构一致。该方式查找方便，但插入记录困难。

②链方式：文件不按地址连续存放，文件的逻辑顺序靠链来实现。链方式的优点是存储空间分配灵活，缺点是查找费时，多占用存储空间。

③块链方式：把文件分成若干数据块，块之间用指针连接，而块内则是连续存储。这种方式集中了上述两式的优点：查找方便，存储空间分配灵活，占用的指针空间也不大。

由于文件的物理结构不同，查找方法也不尽相同。对向量结构的文件一般可采取下述方法：

①顺序查找：从文件的第一个记录开始，按记录的顺序依次往下找，直至找到所求记录。对这种排好序的顺序文件，设文件长度为10000，查找对象每个记录的时间为1s，则平均检索时间和最大检索时间均为90min。

②分块查找：也称跳跃查找，即把文件分成若干块，每次查一块中的最后一个记录，并判断所要查找的记录是否在本块中，若在则按顺序查找该块的记录，不在则跳到下一块继续查找。

③折半查找：每次查找文件给定部分的中点记录，根据该记录的关键字值等于、小于或大于给定值，来分别决定记录是已找到，还是在给定部分的后一半或前一半，然后再折半查找。这种查找法的平均查找次数为$\log_2(n+1)$，当$n$为10000个记录，时间为1s，则平均检索时间只需14s。

（2）索引文件

索引文件的特点是，除了存储记录本身（主文件）以外，还建立了若干索引表，这种带有索引表的文件叫索引文件。索引文件既可以是有顺序的，也可以是非顺序的；既可以是单级索引，也可以是多级索引。

（3）直接文件

直接文件也称为随机文件。直接文件中的存储是根据记录关键字的值，通过某种转换方法得到一个物理存储位置，然后把记录存储在该位置上。

（4）倒排文件

索引文件是按照记录的主关键字来构造索引的，所以也叫作主索引。如果按照一些辅关键字来组织索引，则称为辅索引，带有这种辅索引的文件则称为倒排文件。由于在地理信息存取中，常常不仅要按照关键属性（如土壤类型）来提取数据，同时还需要一些相关联的属性（如土层厚度、排水条件、土壤质地、pH 值和土壤侵蚀状况等），这时为提高查找效率，缩短响应时间，需要仔细分析辅关键字，建立一组辅索引。所以，倒排文件是一种多关键字的索引文件。

倒排文件的主要优点是在处理多索引检索时，可以在辅索引中先完成查询的“交”“并”等逻辑运算，得到结果后再对记录进行存取，从而提高查找速度。例如，要查找“土层厚度＞70cm，而且排水条件良好的区域”，则首先从土层厚度辅索引中，按“＞70”查得指针表为

$$P_1 = [2\ \ 3\ \ 4] \tag{4-1}$$

再从排水条件辅索引中，按“良好”查得指针表为

$$P_2 = [1\ \ 4\ \ 5] \tag{4-2}$$

则它们的交集为

$$P = P_1 \cap P_2 = [4] \tag{4-3}$$

最后按指针 4 从主文件中取出记录

| 4 | >86 | 轻壤 | >3.0 | 6 | 好 | 轻微 |
|---|---|---|---|---|---|---|

这就是倒排文件的基本思想。

### 4.1.2　数据库系统

数据库管理系统（Database Management System, DBMS）是在文件管理系统的基础上

进一步发展的系统，是位于用户与操作系统之间进行数据库存取和各种管理控制的软件，是数据库系统的中心枢纽，在用户应用程序和数据文件之间起到了桥梁作用。用户（及其应用程序）对数据库的操作全部通过 DBMS 进行。其最大优点是提供了两者之间的数据独立性，即应用程序访问数据文件时，不必知道数据文件的物理存储结构；当数据文件的存储结构改变时，不必改变应用程序。通常说的数据库系统软件平台主要就是指 DBMS 软件，例如，当前常用的大型数据库软件 Oracle 和 SQL Server，以及小型数据库软件 Visual FoxPro 和 Access 等。数据库是一个复杂的系统，数据库的基本结构可以分成物理级、概念级和用户级三个层次。

### 4.1.3 数据库应用的广泛性

数据库系统已成为企业开展业务以及人们日常工作和生活必不可少的基础设施。当今社会，几乎所有企业都在依托数据库系统完成业务工作，与业务相关的人和事都记录在数据库中。企业使用自己的业务数据库系统有条不紊地开展工作，使得整个企业高效运转。

例如，超市依托超市管理系统来开展业务，其数据库中记录的数据包括商品、员工、场地、供货商、顾客以及业务活动。当顾客去超市购物，在前台付账时，收银员使用条码仪扫取商品上的条码，前台应用程序使用读取的条码，到后台数据库中的商品表中查询其对应的价格，然后显示给收银员。付账后，前台应用程序再修改后台数据库，将商品表中售出商品的存货数量减去销售数量。当某一商品的存货数量小于规定值时，便通知采货部门进货补充。

去银行新开一个账户时，前台应用程序向后台数据库发送在账户表中添加记录的请求。当客户存入一笔钱时，前台应用程序向后台数据库发送在交易表中添加存钱记录的请求，并修改账户表中客户账户行的余额项。当客户取钱时，前台应用程序首先向后台数据库发送查询账户余额的请求，当账户余额大于取钱数额时，前台应用程序向后台数据库发送在交易表中添加取钱记录的请求，并修改账户表中客户账户行的余额项。

去图书馆借书时，前台应用程序首先基于你想借阅图书的信息到后台数据库的图书表中去查询符合条件的图书，把它们显示在屏幕上。当一本书借出时，前台应用程序修改后台数据库，将图书表中该书记录行的状态项修改为“借出”，借阅人项修改为借阅人的标识号，借出时间项修改为当前日期和时间。当一本书归还时，前台应用程序查询后台数据库的图书表，取出其借出时间项，当过期时，计算罚款金额，并向后台数据库发送在罚单表中添加记录的请求，同时修改后台数据库，将图书表中该书记录行的状态项修改为

“在库”。

去旅行，要用到飞机订票系统和酒店预订系统。像Google之类的搜索引擎，会使用网络爬虫将互联网上的网页信息摘取出来，存入索引数据库中，供用户搜索。

## 4.2 数据库系统的数据模型

### 4.2.1 概念数据模型

概念数据模型是按用户观点对数据和信息建模，是现实世界到信息世界的第一层抽象，是数据库设计人员进行数据库设计的有力工具，也是设计人员与用户之间进行交流的语言。

概念数据模型主要涉及以下基本概念：

(1)实体(Entity)。客观存在并可相互区别的事物称为实体。实体可以是具体的对象，也可以是抽象的对象。

（2）实体集（Entity Set）。实体集是同一类型实体的集合。

（3）实体属性（Entity Attribute）。实体属性指实体所具有的某一种特性。一个实体可由若干个属性来刻画。

（4）实体标识符（Entity Identifier）。实体标识符是实体集中能够唯一标识实体的属性或属性集。

（5）实体联系（Entity Relationship）。实体联系即实体之间的相互联系。实体之间的联系包括一对一、一对多和多对多三种联系，分别用1:1、1:M和M:N来表示。

（6）实体联系模型（Entity Relationship Model，E-R模型）。实体联系模型是美籍华裔计算机科学家陈品山(Peter Chen)于1976年提出的，它能够直接从现实世界中抽象出实体类型及实体间联系，然后用实体联系图（E-R图）表示数据模型。设计E-R图的方法称为E-R方法。

E-R图主要包括以下内容：

（1）矩形框。用矩形框表示实体类型，并在矩形框内写明实体名。

（2）椭圆形框。用椭圆形框表示属性，并用无向边将其与对应的实体类型连接起来。

（3）菱形框。用菱形框表示联系，在菱形框内写明联系名，用无向边与有关实体类型连接起来，同时在无向边上标明联系的类型（1:1、1:M和M:N）。联系也可以有属性。

### 4.2.2 逻辑数据模型

逻辑数据模型是对现实世界的第二层抽象，是按计算机观点对数据进行建模，通常由数据结构、数据操作和完整性约束三部分组成，是严格定义的一组概念的集合。这类模型直接与 DBMS 有关。逻辑数据模型主要包括层次模型、网状模型和关系模型。

#### 1. 层次模型

层次模型是按照层次结构的形式组织数据库数据的数据模型，即采用树型结构表示实体集与实体集之间的联系。用节点表示实体集，节点之间联系的基本方式是 1 ∶ N 联系。在树型结构中，根节点没有父节点，每个非根节点有且只有一个父节点。每个节点表示一个记录类型对应于实体的概念，记录类型的各个字段对应实体的各个属性。各个记录类型及其字段都必须记录。

层次数据模型的优点：结构简单、层次分明，便于在计算机内实现。

层次数据模型的缺点：缺乏直接表达现实世界中非层次型结构的复杂联系。例如，多对多联系；对插入或删除操作有较多限制的联系；查询子女节点必须通过双亲节点的联系。

#### 2. 网状模型

网状数据模型是数据模型的另一种重要结构，它反映了现实世界中实体间更为复杂的联系。网状数据模型将数据组织成有向图结构，图中的节点代表数据记录，连线描述不同节点数据之间的联系。这种数据模型的基本特征是：节点数据之间没有明确的从属关系，一个节点可与其他多个节点建立联系，一个子节点可有多个父节点，一个父节点可有多个子节点，父节点与某个子节点记录之间可以有多种联系（一对多、多对一、多对多）；即节点之间的联系是任意的，任意两个节点之间都能发生联系，可表示多对多的关系。

网状数据模型的优点：

（1）简单：与层次数据模型一样，网状数据模型也是简单和容易设计的。

（2）更容易的联系类型：在处理一对多（1∶M）和多对多（N∶M）联系时采用网状模型更容易，有助于模拟现实世界的情形。

（3）良好的数据访问：在网状数据模型里，数据访问和灵活性是比较优异的。

（4）数据库完整性：网状模型强制数据完整性并且不允许存在没有父节点的节点。用户必须首先定义父节点，然后定义子节点。

（5）数据独立性：网状数据模型提供了足够的数据独立性，它部分地将程序与复杂的物理存储细节隔离开。因此，数据特性的改变不要求应用程序也修改。

网状数据模型的缺点：

（1）系统复杂：同层次数据模型一样，网状数据模型也提供导航式的数据访问机制，一次访问一条记录中的数据，这种机制使得系统实现非常复杂。

（2）缺乏结构独立性：在网状数据库里进行变更也是一件困难的事情。虽然网状模型实现了数据独立性，但它不提供结构独立性。

（3）用户不容易掌握和使用：网状数据模型没有设计成用户容易掌握和使用的系统，它是一个高技能的系统。

#### 3. 关系模型

关系模型是指用二维表表示实体集与实体集之间联系的数据模型。在用户看来，关系模型中数据的逻辑结构是一张二维表，表中每一行是一个记录（对应概念模型中的实体），每一列是一个字段（对应概念模型中的属性）。

关系模型存在以下特点：

（1）关系模型可以用关系代数来描述，具有坚实的理论基础，从而能够用严格的数学理论来描述数据库的组织和操作。

（2）在关系模型中，二维表不仅能够表示实体集，而且能够方便地表示实体集之间的联系。

（3）在关系模型中，数据的表示方法统一、简单，便于计算机实现。

（4）在关系模型中，数据采用关键码（对应概念模型中的标识符）导航，编程时不涉及数据的物理结构，便于用户使用。而层次模型或网状模型中，数据采用指针导航，编程困难。

（5）在关系模型中，数据独立性高。

关系模型是目前广泛应用的一种数据模型，大多数数据库管理系统是基于关系模型的。

## 4.3 空间数据库

### 4.3.1 空间数据库概述

空间数据是指与空间位置和空间关系相联系的数据，包括多维的点、线、矩形、多边形、立方体和其他的几何对象。一个空间数据对象占据空间的一个特定区域，称为空间范围，用其位置和边界来刻画。空间数据库是空间数据对象的集合。

空间数据模型是空间数据库管理系统的基础。最常用的空间数据模型有两种，它们分别是基于空间对象的数据模型和基于域的数据模型。基于空间对象的模型是将空间信息描述为离散的、可标识的带有空间参照系统的空间实体，每个空间对象都有自己的属性和方法。基于域的模型把空间信息描述为空间分布的集合体，把每个空间分布描述为一个从空间栅格到空间属性的数据函数。本书重点讨论基于空间对象的数据模型。

空间数据对象可以抽象为以下五种基本的空间数据对象：点、线、区域、划分、网络。空间数据对象的操作包括两类：一类是独立于具体应用的基本操作，另一类是与具体应用相关的操作。独立于具体应用的基本操作主要包括：

- 判断两个空间对象是否相等。
- 判断一个空间数据对象是否在一个区域中。
- 判断两个大小非零的空间数据对象是否相交。
- 判断两个区域是否邻接，即两个区域是否有重合的边界。
- 计算一个区域的两个划分的重叠部分。
- 计算空间对象的几何中心点。
- 计算空间两点间的距离。
- 计算两空间对象间的最大、最小距离。
- 计算多点的直径，即 $n$ 个点中任意两点之间距离的最大值。
- 计算线的长度。
- 计算区域的周长和面积。
- 其他计算集合操作。

在常规大型数据库的基础上实现空间数据管理是空间数据库系统实现的重要途径。目前，在该领域进行了深入研究并形成了很多软件产品，比如ESRI ArcSDE，MapInfo SpatialWare，Oracle Spatial，DB2 Spatial Extender 和 Informix Spatial DataBlade 等。但这些空间数据库软件，都不同程度地存在着一些缺陷或不足之处。如有些采用了基于对象的数据模型，但对空间区域的支持有限。

由于目前对象关系数据库管理系统产品还不支持空间数据类型及其操作，解决这个问题一般有如下两种方法。

（1）分层结构方法

这种方法利用 RDBMS 所支持的数据类型，在它的上面增加一个软件层，实现空间数据类型及其操作。我们称这个软件层为空间数据引擎，它实际上是一种介于空间数据应用程序和 RDBMS 之间的中间件。空间数据应用程序通过空间数据引擎将数据提交给 RDBMS 统一管理，使用时由空间数据引擎从 RDBMS 获取数据并转化为空间数据。

（2）双重结构方法

分层结构方法只能利用 RDBMS 已有功能对空间数据做有限的支持，空间数据存储结构和索引等不可能由上层来实现。为此，人们提出了双层结构方法，在 RDBMS 之外，增加了一个专门管理空间数据的子系统。

空间数据可分为两个部分，即非空间属性数据和空间属性数据。非空间属性数据存于 RDBMS 中，空间属性数据存于空间数据子系统中。它们之间用逻辑指针相连，在用户接口上，看到的是一个无缝的元组。

双重结构比起分层结构前进了一步，但由于多了一个分解和合成的步骤，增加了开销；更主要的是缺少全局优化。例如，在查询时，既可以采用非空间属性索引，也可以采用空间属性索引；而上层接口无法对此做出选择，因为它不知道两者执行的代价。

目前的对象数据库管理系统和对象关系数据库管理系统仅提供了扩充成空间数据库管理系统的可能。要达到目的，还有大量的工作要做。例如，定义更加复杂的空间数据类型及其操作，实现各种空间索引及有关空间数据的用户接口，增加有关空间数据的查询优化策略等。从发展来看，建立在对象数据库管理系统或对象关系数据库管理系统之上的空间数据库系统将会越来越多，并将逐步成为技术发展的主流。

### 4.3.2　空间数据库的特征

#### 1. 分类编码特征

地理信息系统中的实体一般包括语义信息、量度信息和关系结构信息等 3 个基本信息。一般而言，每一个空间对象都有一个分类编码，而这种分类编码往往属于国家标准或行业标准或地区标准；每一种地物的类型在某个 GIS 中的属性项个数是相同的。

空间编码也就是指语义信息的数据化，它是建立在地理特征的分类及其等级组织结构之上的空间信息数据的编码。因而在大多数情况下，一种地物类型对应一个属性数据表文件。当然，在几种地物类型的属性项相同的情况下，多种地物类型也可以共用一个属性数据表文件。

例如，游程长度编码是一种适用于栅格数据模型的数据结构，它能以各种各样的格式写到数据文件里。

#### 2. 综合抽象特征

空间数据描述的是现实世界中的地物和地貌特征，可想而知是多么复杂，所以一定要经过抽象处理。人们对不同主题的空间数据库关心的内容也有差别。因此，空间数据的抽象性还包括人为地取舍数据。抽象性还使数据产生多语义问题。在不同的抽象中，同一自然地物表示可能会有不同的语义。拿河流来说，它既可以被抽象为水系要素，也可以被抽象为行政边界，如省界、县界等。

### 3. 非结构化特征

从数据组织和管理角度看，空间数据与一般的事务数据相比还具有非结构化特征。

一般在事务数据库中的数据记录是结构化的，即它满足关系数据模型的第一范式要求，也就是说每一个记录有相同的结构和固定的长度，记录中每个字段表达的数据都是不可再分的、内部无结构的、不允许嵌套记录的。

地理实体的空间坐标，不仅指示了地理实体的大小、形状、位置，还记录了表达地理实体之间的关联、邻接、包含等空间关系的拓扑信息。拓扑数据在方便空间数据的空间查询分析的同时，却给空间数据的一致性和完整性的维护增大了难度。所以说事务数据简单的结构已经远远不能满足空间数据表示的要求。

空间数据的组织和管理不同于一般的事务数据，要根据它的空间分布特征，建立相应的空间索引，从而实现空间数据高效快速的存储和提取。相对于一般的事务数据而言，空间数据量大，一幅标准的地形图矢量数据可达几兆，一幅标准地图分幅的数字影像数据可达上百兆，一个区域地理信息系统的空间数据量可能达几十千兆或数百千兆。

因此，人们不得不紧跟技术发展，为解决这一问题更深入研究空间数据管理的理论、技术和方法，研制空间数据库管理软件或在商业数据库管理系统的基础上开发空间数据库管理系统。

### 4. 复杂性与多样性

空间数据来自现实世界的方方面面，其来源之广、数量之大也超出部分人的想象，其类型不一致、数据噪声大的问题肯定是存在的，也是难以避免的。进行数据挖掘的源数据可能包含了噪声、空缺、未知数据，而聚类算法对于这样的数据较为敏感，将会导致质量较低的聚类结果，因此，处理噪声数据的能力需要提高。选取挖掘的样本数据时，合理而准确的抽样有着举足轻重的作用，样本大不但降低了抽样效率，而且增加了后续工作的复杂性；样本小又存在样本不具有代表性，准确性不高的问题。因此，需要有效的抽样技术解决大型数据库中的抽样问题。由于进行挖掘所需要的数据很可能来自不同的数据源，这些数据源中的数据可能具有不同的数据格式和意义，为有效地传输和处理这些数据，需要对结构化或非结构化数据的集成进行深入的研究。

### 4.3.3　空间数据库应用领域

目前，空间数据库已经被广泛应用于多个应用领域。如地理信息系统（GIS）、计算机辅助设计和制造（CAD/CAM）、多媒体数据库、移动数据库等。

GIS 是管理和分析空间数据的计算机系统，在计算机软硬件支持下，对空间数据按地理坐标和空间位置进行处理，完成数据输入、存储、管理、分析、输出等功能。GIS 可以实现对数据的有效管理，包括空间信息（例如城市、州 / 省、国家、街道、高速公路、湖泊、河流和其他地理特征）、属性信息（如城市人口数目、道路的建成年代等）及其相互关系，同时支持包含这些空间信息和非空间信息的应用。通过对多因素信息的综合分析，GIS 可以快速地获取满足应用需求的信息，并能以图形、数据、文字等形式表示处理结果。在 GIS 中，空间信息通常被认为就是地图上的各种信息。GIS 必须有效地管理这些二维或三维空间上的数据集，直观地描述所有类型的空间查询，如“上海至北京之间的高速公路经过哪些城市”“哪条是从上海至佳木斯的最短公路”等。

和 GIS 一样，CAD/CAM 与医学影像系统都涉及对空间数据的处理，如设计飞机时，必须存储和处理描述飞机机身等对象的表面信息，如一系列的点数据和区域数据。同时，需要经常性地使用区域查询和空间连接查询，在使用查询操作时，还会经常用到一些相关的空间完整性约束（例如“在轮子和机身之间至少要有 1 英尺的距离”等）。

多媒体数据库，包含诸如图像、文本和其他众多的时间序列的数据（例如音频），也需要空间数据管理。在医学图像数据库中，不得不存储数字化的二维和三维图像（例如 X 光图像、指纹、人脸图像等），这些图像数据库应用依赖于基于内容的图像检索（例如，找出与给定图像类似的图像等）。除了这些图像以外，多媒体数据库还可以用来存储视频片段，并且搜索场景变化的片段或者有特定对象的片段；另外，还可以存储信号或者时间序列的数据，并且搜索类似的时间序列；同时，还可以存储文本文档的集合，然后搜索类似的文档。在多媒体数据库中，找出一个与给定目标类似的对象这样的相似性查询运算是一种常用的操作，解决这样一个相似性查询问题的一个流行方法是首先将多媒体数据映射到称为特征向量的点的集合中。表示多媒体对象特征向量最典型的是高维空间中的点。当把多媒体数据映射到点的集合时，重要的一点是要能够保证两个点之间有距离的度量，该度量用于获取两个相对应的多媒体对象之间的近似性。这样，映射到相邻两点的两幅图像必须比映射到相对远的两点的两个图像更相似。一旦对象被映射到适当的坐标空间，搜索类似的图像、类似的文档或者类似的时间序列就可以用搜索相近点来近似。于是，一个相似性查询问题即被转换为找出与表示查询对象的点最邻近的点的问题，即空间数据库中最邻近查询问题。只是与 GIS 和 CAD/CAM 相比较，这些数据是高维的（通常是十维或者更高）。

# 4.4 面向对象的数据库系统

## 4.4.1 面向对象的数据库系统结构

根据系统模型的功能，设计适当的系统结构是面向对象的DBMS实现的重要环节。现有面向对象的DBMS功能各异，因而提出各种不同的系统结构。

ORION-1SX是一个客户机/服务器数据库系统，它有一个专用的服务器管理整个数据库系统，而应用系统运行的所有其他节点（客户）同这个服务器进行通信以存取数据库。图4-1是ORION-1SX结构的高层视图。对象子系统和消息处理子系统完全放置在客户机上。另外，通信子系统以及部分事务和存储子系统，既放置于客户机又放置于服务器中，通信子系统负责打开、关闭和控制连接，以接收和传递客户机和服务器之间的消息。

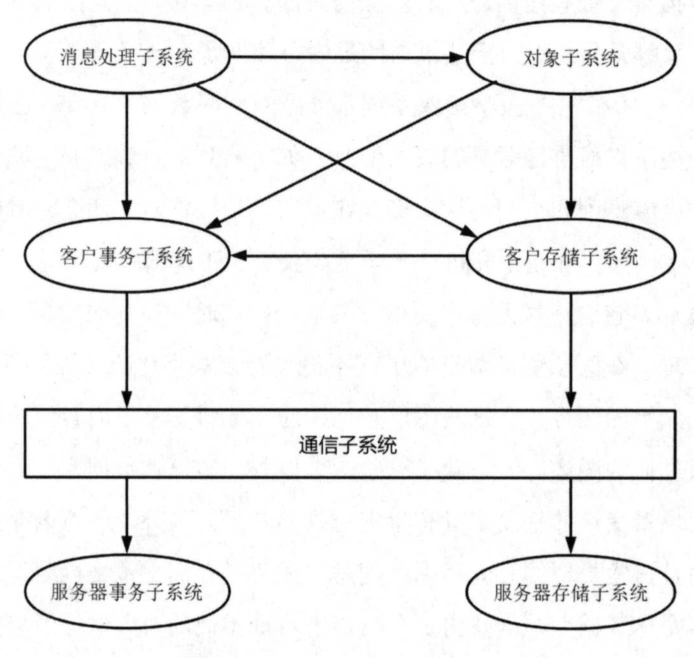


图4-1 ORION-1SX结构的高层视图[①]

ORION-2是一个基于网络的分布式数据库系统，它由1个以上的节点进行管理，使得数据库的物理布局对用户来说是透明的。

HP实验室开发的面向对象系统Iris，试图满足办公信息和基于知识的系统、工程需求和软硬件设计等潜在的数据库应用的需求，这些是传统RDBMS所不支持的。除了一般的数据永久性、控制共享、后缓和恢复的需求之外，新需求的功能包括：丰富的数据建模结构、对推理的直接数据库支持、新的数据类型（图像、语音、矩阵等）、长事务处理以及

① 黄志军，曾斌．多媒体数据库技术[M].北京：国防工业出版社，2005.

数据的多版本。数据共享必须在对象级别上以并行共享和串行共享两者的意义上实现，允许一个给定的对象能够由不同的面向对象的编程语言编写的应用来操作。Iris 正是面向上述需要进行设计的，其系统结构如图 4-2 所示。

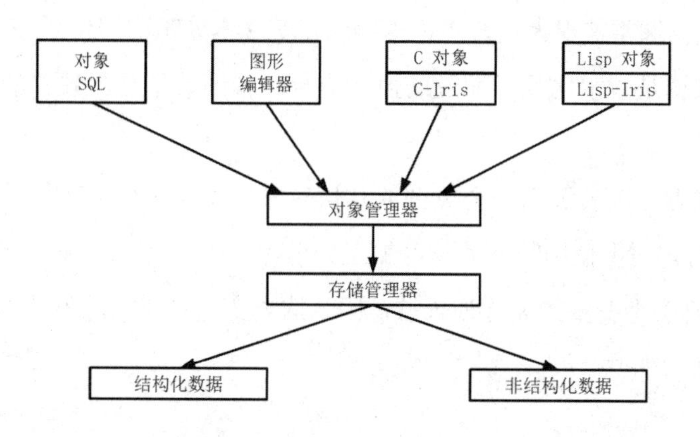


图 4-2　Iris 系统结构

Iris 系统的核心是对象管理器，即 DBMS 的查询和更新处理器。对象管理器实现 Iris 的数据模型，该模型既支持行为抽象又支持诸如分类、一般化 / 特殊化以及聚集等的高层次的数据抽象，是一种一般类型的面向对象数据模型。查询处理器将 Iris 的查询和函数翻译成一种扩展的关系代数格式，它是优化了的并且依照存储的数据库译码。Iris 的存储管理器是一个常规的关系存储子系统。Iris 数据库管理系统可以通过交互式和程序式两种接口存取，它的交互式接口有简单的对象管理器、对象 SQL 和图形编辑器；程序式接口包括直接将 OSQL 嵌套在宿主语言、将系统封装成编程语言的对象等。

### 4.4.2　面向对象数据库的物理组织

为了构造一个容易维护的面向对象数据库的物理存储结构，需要按照如下方式表示类。

（1）对应于基本数据类型（如整数、浮点数字符和字符串等）的类称为基本类。基本类直接由计算机系统实现。基本类用来构造其他类。

（2）非基本类按照如下方式表示为一个记录型。

类的每个变量用记录型的一个域来表示。对于记录型的任意一个域 F，如果 F 表示的变量是一个基本类，则 F 存储该基本类的对象本身的值；如果 F 表示的变量是一个非基本类，则 F 存储该类的对象标识。集合值变量用链接表表示。

类的这种物理组织结构使我们可以用一个固定长的记录文件来存储一个类。这样，一个面向对象的数据库可以使用一组固定长记录文件来存储。

并不是所有的变量都能很方便地使用上述结构表示。实际应用中经常使用特殊的数据类型。这些数据类型对应的数据量通常都很大，并且使用不属于类的方法集合的应用程序。

下面是三种这样的数据类型。

（1）文本数据通常被视为字符串，由编辑器等文本处理程序使用。

（2）音频数据是数字化且压缩过的声音集合。音频数据是由独立的应用软件加工处理过的数据。

（3）视频数据可以表示为一个位图或几何对象的集合。尽管图像数据经常由数据库系统管理，但有时仍需要使用特殊的软件加工处理。

表示上述三种类型变量的域称为长域，因为这类变量对应的对象数据量非常大，通常存储在一个特殊的文件中。

### 4.4.3 面向对象数据库的查询处理

同过去几代数据库技术相比，关系数据库技术的最新颖的部分就是陈述式查询和支持它们的自动求值技术。在最新的一些关系数据库系统中，一个关系查询的求值实质上是分两个阶段进行的。首先是查询优化阶段，其次是查询处理阶段。在查询优化阶段，对于处理一个给定的查询来说，查询优化器自动地生成一组合理的策略，并且以所生成的每一个策略所预计的开销为基础选择一个优化策略。在查询处理阶段，系统使用所生成的优化策略执行该查询。在面向对象数据库中，查询优化和处理要求进行附加的研究；但是，不需要太多的新的基础研究。其原因在于面向对象数据库的查询优化和处理仅需要对所有的技术进行较小的修改和扩充，因为这些技术已被发展并成功地用于关系数据库的优化和处理中。为简化起见，今后我们将使用面向对象（关系）查询的短语就指的是面向对象（关系）数据库中的查询；而面向对象（关系）查询处理指的就是面向对象（关系）数据库的查询优化和处理。

在此，我们将首先说明关系查询处理为所有基本技术能够直接应用于面向对象查询处理的原因，然后再讨论面向对象查询处理所必需的对关系查询处理技术的修正。

#### 1. 查询处理技术

正如Ｎ个关系可以被连接在Ｎ！排列的任一个中一样，根在一个单操作数面向对象查询的目标类上的类复合等级的Ｎ个类可以被“连接”在Ｎ！排列的任一个中。例如，在我们的查询例子中简化查询图中的三个类在原理上可以在三个类的３！排列的任一个中求值。 正如某些排列得到笛卡尔乘积的结果以及这些排列可以从一个关系查询求值的候选策略表中略去一样，在面向对象的查询处理中产生笛卡尔乘积的类的排列可以被略去。例如，在我们的例子中三个类的求值具有 3! 的排列，类 Vehicle 和 Employee 背对背所出现的这些排列不需要考虑：不存在共同的连接属性来链接这两个类。

下面是已经在关系查询处理中开发的一些技术。因为上面讨论的面向对象查询和关系查询之间的基本类似，这些技术可以直接用于面向对象查询处理中。

（1）在一个查询中计算除了产生任何一对关系的笛卡尔乘积以外的所有合理的关系的排列。

（2）对于每一个关系的排列生成一个执行查询的策略。一个执行查询的策略指定所使用的存取方法（索引、杂凑等）来搜索每一个关系的元组，以及在一给定排列中将一个关系的元组同，下一个关系的元组联系起来所使用的方法（嵌套循环、分类合并等）。

（3）所生成的每一个执行查询策略开销的估算。利用开销公式和数据库统计来计算满足任一关系的搜索条件或一对关系的连接条件的所预计的元组数目。

（4）在分布式数据库情况下，总的查询策略是由在每个数据库站点上所实现的局部查询策略的聚合而生成的。

让我们较详细地来说明这些处理，在一个面向对象的数据库查询中一个类的一些实例在逻辑上是和一个给定类的排列中下一个类的一些实例相联系的。给定一对类 C 和 D，使得 D 是 C 的 A 属性的域，类 C 的 A 属性的一些值是类 D 的一些实例的 UID。如果类 C 和 D 在给定的排列中是以这样一种次序出现，采用如下的迭代步骤的方法将类 C 的一些实例同类 D 的一些实例相连接（Join）：C 的一个实例被检索。下一步，A 属性的值从该实例中提取。那么 D 的实例被检索，它的 UID 是所提取的属性 A 的值。D 上的任何谓词对被检索的实例求值。如果该排列是类 D 在类 C 之前，那么这两个类按如下的迭代步骤来连接：检索 D 的一个实例，该实例的 UID 被提取。下一步，C 的一个实例被检索，它以被提取的 UID 值作为属性 A 的值。那么在 C 上的任何谓词是对被检索的实例求值。

对于相互联系的实例来说有两种基本的算法。嵌套循环和分类合并。嵌套循环算法跟踪从一个单一实例到这个实例直接或间接引用的实例的引用路径。在分类合并算法中从查询图中一个类所选的 UID 被分类并传送到一个给定类排列的下一个类中。

嵌套循环算法的缺点在于，对于一个类的每个实例来说，必须搜索包含由该实例所引用实例的页面；则相同的页面必须重复地搜索。分类合并算法的问题是搜索从一个类所提取的 UID 表的开销问题，特别是当这个表太长时。在关系查询处理中，嵌套循环和分类合并算法的优点取决于给定查询的特性以及数据库的物理组织。分类合并算法较适合于分布式查询处理，因为嵌套循环算法的通信开销可能过高。

### 2. 对关系查询处理技术的改变

虽然面向对象的查询在结构上类似于关系查询，但还有几个重要的语义上的差别。特别是，面向对象的查询要求对类等级以及类复合等级进行存取，一个面向对象的查询可以引起一些方法被请求。进一步，在面向对象数据库中一个类的一个属性可以是标量值或集合值。令人惊奇的是，在查询处理上一个面向对象查询的复杂语义的影响对关系查询处理所使用的技术不必做实质性的基础的改变。让我们现在来说明这些影响。

（1）索引

在面向对象数据库中类等级和类复合等级怎样造成对类等级索引和嵌套属性索引的需要，这些新的索引类型的引入影响了面向对象数据库的查询处理，但是在查询优化的开销估计方面必须对这些改变进行限制。

（2）多值属性

一个类的一个属性可以是一个单一的基本值、一个单一的对象或一组对象。因此，存在量词 each 和 exists 可以和一个集合属性相联系，即该属性值是它的域上的一组实例。显然，面向对象查询处理必须说明这些集合属性量词，而且，对关系查询处理所做的必要的扩充与开销估计方面有很大的关系，而开销的估计与这些量词在查询中间结果上的求值有关。

（3）方法

一个方法可以作为一个导出属性或一个谓词被用在一个查询中。在一个查询的搜索条件中，使用一个方法使得编译该查询或使用像 B 树这样一些标准的存取方法变得很困难。包含方法的查询优化和处理需要进行一些附加的研究。

（4）数据库的统计

在一个关系查询中，需要对各个关系进行统计，如像在一个关系中的元组数以及各个属性中不同的值的数目。在面向对象数据库中，统计需要增加反映类等级方面的内容，即，它们需要包含如像一个类等级上所有类的实例的数目以及保持这些实例的磁盘页的数目。ORION 维护这样一些实例。

在关系数据库中统计最好是按用户的要求来修改。对每个数据库修改的统计进行中间修改将招致过度的性能开销；除此之外，同有点过时的统计相比，对统计的修改不显著，改善查询优化器的精度。

# 第 5 章 空间数据的获取与处理

空间数据的获取与处理是地理信息系统建设首先要进行的任务，可通过数据转换、遥感数据处理以及数字测量等方式完成，其中已有地图的数字化录入，是目前被广泛采用的手段。“空间信息科学由空间数据采集、空间数据处理、空间数据表达和空间信息服务等几个方面组成。其中，空间数据采集是基础，空间数据处理是关键，空间数据表达是形式，空间信息服务是目的。作为空间信息科学之关键的空间数据处理，其内涵与外延非常广泛。”[①] 地理空间数据的采集主要完成的是基础数据的采集与输入。而空间数据处理是指在采集完成的空间数据或者已有的空间数据的基础上，根据一定的需求进行编辑与处理，解决数据不匹配、数据冗余的问题；在大量空间数据中根据项目的要求进行数据查询与提取，快速地找到所需要的空间数据以进行后期的分析、管理与应用；当源数据的空间参考系统（坐标系、投影方式等）与用户需求不一致时，需要对数据进行投影转换。

## 5.1 地理信息系统数据的来源

地理空间数据的来源是多样的，数据具有不同的类型、不同的格式、不同的语义、不同的时间和空间尺度、不同的空间维数、不同的精度、不同的参考系统和不同的表达方式等。

近年来，由于国家相关数据生产部门（如自然资源部、城市测绘院等）、一些专业应用部门（如土地局、房产局等）都生产了大量的数字化数据，多数以数字线划图（DLG）、数字扫描图（DRG）、数字正射影像（DOM）和数字高程模型（DEM）的形式存在。通过数据交换获取 GIS 数据的方式，将会越来越普遍。通过互联网，在创建新的数据或是购买数据之前看看哪些数据可以共享，是必要的。这些框架性（或基础性）和专业性地理数据已经成为公益性和商业性产品，同时它们也成为一种战略性资源。

数据源是指建立 GIS 的地理数据库所需的各种数据的来源，主要包括地图数据、遥感数据、文本数据、统计调查数据、实测数据、多媒体数据、已有系统的数据、再生数据等。

地图数据是 GIS 的主要数据源，是一种多尺度图形数据。地图数据具有地形图数据、地籍数据、综合管线数据、专题地图数据、规划地图数据、地表覆盖数据、土地利用数据等多种类型。

遥感数据是 GIS 的重要数据源，包括多尺度影像数据和非成像数据。遥感影像数据具

① 王新洲 . 论空间数据处理与空间数据挖掘 [J]. 武汉大学学报（信息科学版），2006,31(1):1.

有卫星遥感、航空遥感、低空遥感和地面遥感等多平台、多分辨率、多时相、多波段等多种类型。在GIS中，主要用于生产正射影像制图、分类制图、地理特征要素、数字表面模型等。

文本数据主要是一些文档资料数据，如规范、标准、条例等，作为属性数据或数字查阅使用。

统计调查数据主要是通过社会调查、人口统计、经济统计等获取的社会经济数据，作为GIS的属性数据或被地理空间化后进行空间分析和可视化使用。

实测数据是指通过各种传感器实时感知得到的观测数据，具有很高的时效性，在GIS中常用于时空数据分析。

多媒体数据主要是图片数据、视频数据和声音数据等，它们是建立多媒体GIS的主要数据源。

已有系统的数据主要是指来自已经建成运行的系统或测绘成果数据库数据，它们经过格式转换和信息化处理后，转化在建系统的数据。随着地理信息的数字化生产方式的开展和地理数据共享服务平台的建设，这类数据在GIS建设中所占比重会越来越大。

再生数据是指在对数据加工处理和数据分析利用过程中产生的中间成果数据，因在某些方面具有原始数据或交换数据的特点，同时又不能通过这两种方式获得的数据。在地理信息系统建设中，这类数据的比重较小。

## 5.2 空间数据的分类与编码

地理信息输入计算机之前，必须先按用户要求和工作的目的对地理信息进行分类和分级，这是一项基础性的工作。分类过粗可能会影响将来分析的深度，分类过细则会增加工作量，使计算机负荷加重。

### 5.2.1 空间数据的分类原则

地理信息分类是一个凝聚知识、抽象真实世界现象的过程，分类结果是形成分类、编目方案，反映真实世界所存在的每种地理信息要素的类型、属性特征、关系特征和作用等。要素的类型、属性、关系和作用是地理信息分类、编目的基本因素，其中类型又是最基础的。地理信息分类应该遵循下述原则。

①科学性原则。按照地理信息特征进行科学分类，采用层级分类法，形成树形结构。

②系统性原则。从最高一级到最低一级将全部信息排列成一个有机的整体。

③稳定性原则。信息分类应以我国使用多年的基础信息和常规分类为基础，能在较长

时间里不发生重大变更。

④完整性和可扩展性原则。能容纳所涉及领域现有和将来可能产生的所有信息。

⑤易用性原则。分类名称尽量沿用专业习惯名称，代码尽可能简短和便于记忆。

⑥灵活性原则。现有系统分类和编码可灵活转换成标准的分类和代码。

⑦不受比例尺限制原则。即在不同比例尺数据库中，同一要素具有一致的分类和代码。分类和代码应当包含各种比例尺数据库所涉及的全部要素。

⑧与有关国家规范和标准协调一致原则。凡已经颁布实施的相关国家标准可以直接引用，与有关行业标准和地方标准求得最大限度的协调一致。

⑨考虑数据来源原则。如土地利用数据一级分类应该能够从卫星遥感影像识别，便于卫星遥感监测土地资源。

### 5.2.2　空间数据的编码

由于计算机要处理的数据信息十分庞杂，有些数据所代表的含义又难以记忆。为了便于使用，容易记忆，常常要对加工处理的对象进行编码，用一个代码代表一条信息或一串数据。即不同的信息记录采用不同的编码，一个码点代表一条信息记录。编码可以用来识别每一个记录，同时还可以方便地进行信息分类，校核、合计，检索等操作。在这里，地理信息的编码主要是指对地理实体中属性数据的编码。

属性数据的编码是指确定属性数据的代码的方法和过程。用一组有序的易被计算机或人识别与处理的符号来表征对象的属性，它是计算机鉴别和查找信息的主要依据和手段。代码是编码的直接产物，而分类分级是编码的基础。

#### 1. 编码的基本原则

（1）唯一性。代码和对象一一对应，尽量避免一个代码对应多个对象或多个代码对应一个对象。

（2）可扩充性。如果将来要增添新的内容，尽量不改变原有体系而实现扩充，既减少用户熟悉新体系的麻烦，也减少数据库的转换和处理软件的改动，这就必须有足够的备用代码。

（3）易识别性。用户看到代码时，凭经验就可知道事物的分类，并和其他事物产生对比、联想。

（4）简单性。代码越简单，人的记忆操作就越简单，计算机处理也就越方便。

（5）完整性。综合性的信息系统牵涉的面很广，应全面考虑有关的信息类型与分类，防止顾此失彼。

### 2. 代码的类型

代码的类型指代码符号的表示形式，一般有数字型、字母型和数字字母混合型。

数字型代码是用一个或多个阿拉伯数字表示的代码。这种代码结构简单，使用方便，也便于排序，易于在国内外推广。这是目前各国普遍采用的一种形式，如前面提到的行政区划编码。这种代码的缺点是对象特征的描述不直观。

字母型代码是用一个或多个字母表示的代码。例如，国家铁路局制定的火车站站名字母缩写码中，BJ 代表北京，HEB 代表哈尔滨。这种代码的优点是便于记忆，人们有使用习惯。另外，与同样长度的数字码相比，这种代码的容量大得多。一位数字最多可表示 10 个类目，而一位字母可表示 26 个类目。这种代码的缺点是不便于机器处理。特别是编码对象多、更改频繁时，常会出现重复和冲突。因此，字母型代码常用于分类对象较少的情况。

混合型代码是由数字、字母、专用符号组成的代码。这种代码基本上兼有前两种代码的优点。但是这种代码组成形式复杂，计算机输入不便，录入效率低，错误率高。

### 3. GIS 中代码的种类

GIS 中代码可以分为两种：一种是分类码，另一种是标识码。分类码用于标识不同类别的数据，根据它可以从数据中查询出所需类别的全部数据。如按照土地资源的利用类型，耕地的分类代码为 1；交通运输用地的分类代码为 10。标识码是在分类码的基础上，用其对应某一类数据中的某个实体，如一个居民地、一条河流、一条道路等进行个别查询检索，从而弥补分类码不能进行个体分离的缺陷。标识码是联系实体的几何信息和属性信息的关键字。

### 4. 编码的方法

地理信息的编码方法主要有三类。

（1）用空间坐标来表示地理要素的位置，包括坐标系的选择，坐标数据的输入、编辑、校正等一系列工作。

（2）在空间要素之间建立起联系，反映空间位置上的相互关系。如链—节点方式的拓扑数据结构，把矢量型的空间信息按点、线、面建立起相互联系，四叉树的数据结构把栅格型的空间信息组成面状整体。用游程长度编码压缩数据的存储量。

（3）对空间要素人为地给定一些编码或字符串。这是借助属性信息的编码方式来给空间信息编码，即对某个空间要素（如点、线、面）给定一个附加属性。如果能增加一个附加属性码，并和该元素的地理位置或空间关系有一定的联系，就能使用户看到这些编码时可以很快知道大致的地理位置，容易记忆、识别。当然这种编码也可用作和属性数据库连接的关键字，我们可以称这种编码为空间位置的附加属性码。如上海市的城市规划部门按城市的主干道将城市分成几大块，并给每个大块一个指定的英文字符。

## 5.3 空间数据的采集

### 5.3.1 地面测量

地面测量即野外直接测量，是获取空间数据的重要途径之一。20 世纪 80 年代以来，用于野外直接测量的仪器有了比较迅速的发展。以全站仪为代表的电子速测仪器已取代传统的光学经纬仪、水准仪和平板仪，使得基于电子平板测量的野外直接测量方法成为空间数据获取的重要方法之一。

#### 1. 全野外数据采集特点

全野外数据采集设备是全站仪加电子手簿或电子平板配以相应的采集和编辑软件，作业分为编码和无码方法。

全野外数据采集测量工作包括图根控制测量、测站点的增补和地形碎部点的测量。采用全站仪进行观测，用电子手簿记录观测数据或经计算后的测点坐标。与传统平板仪测量工作相比，全野外数字测图具有以下一些特点。

①全野外数字测量在野外完成观测，不需要手工绘制地形图，测量的自动化程度大大提高。

②数字测图工作的地形测图和图根加密可同时进行。

③全野外数字测图在测区内部不受图幅的限制，便于地形测图的施测，减少了很多常规测图的接边问题。

④虽然一部分规则轮廓点的坐标可以用简单的距离测量间接计算出来，但地面数字测图直接测量地形点的数目仍然比平板仪测图有所增加。地面数字测图中地物位置的绘制直接通过测量计算的坐标点，因此数字测图的立尺位置选择更为重要。

全野外数据采集精度高，没有展点等误差，碎部点平面与高程精度均比传统平板仪成图高数倍，测量、数据传输和计算自动进行，避免了人为错误。

#### 2. 作业过程

全野外地理信息数据采集与成图分为三个阶段：数据采集、数据处理和地图数据输出。通常工作步骤为：布设控制导线网，进行平差处理得出导线坐标，采用极坐标法、支距法或后方交会法等获得碎部点三维坐标。此外，也可采用边控制边进行碎部测量的方法，之后平差获得控制成果，再对碎部坐标进行统一转换计算。

### 5.3.2 摄影测量

摄影测量包括航空摄影测量和地面摄影测量。地面摄影测量一般采用倾斜摄影或交向摄影，航空摄影测量一般采用垂直摄影。航空摄影测量一般采用量测用摄影机，为便于量测胶片，每张相片的四周或四角设有量测框标。航空相片上存在两种主要误差：相片倾斜误差以及由于地形起伏引起的投影误差。航空相片最大的误差是投影误差，即地形起伏造成的点位移。由于摄影相片是中心投影，根据中心投影原理可得任一像点比例尺的计算公式为

$$S = 1/\left(H_a / f\right) = 1/\left[\left(H - h\right)/ f\right] \tag{5-1}$$

式中：$H_a$ 是某一点的航高；$H$ 是绝对航高；$h$ 是该点的高程；$f$ 是相机的焦距。

#### 1. 立体摄影测量

摄影测量有效的方式是立体摄影测量，它对同一地区同时摄取两张或多张重叠的相片，在室内的光学仪器上或计算机内恢复它们的摄影方位，重构地形表面，即把野外的地形表面搬到室内进行观测。

#### 2. 解析摄影测量

解析摄影测量除用于解析空中三角测量的像点坐标观测以外，还主要用于数字线画图的生产。如测量一条道路，仅需用测标切准道路中心点，摇动手轮和脚盘，得到测标轨迹的坐标，即为道路的空间坐标数据。

解析摄影测量方法是获取高精度数字高程模型的重要手段。最直接、最精确的方法是直接量测每个格网的高程值。安置 $X$、$Y$ 方向的步距，人工立体切准格网高程点，可直接获得数字高程模型。

#### 3. 数字摄影测量

数字摄影测量继承立体摄影测量和解析摄影测量的原理，在计算机内建立立体模型。由于相片进行了数字化，数据处理在计算机内进行，所以可以加入许多人工智能的算法，使它进行定向。此外，还可以自动获取数字高程模型，进而生产数字正射影像。甚至，数字摄影测量可以通过加入某些模式识别的功能，从而自动识别和提取数字影像上的地物目标。

我国用数字摄影测量方法生产数字高程模型和数字正射影像的技术已经成熟，而且在该领域处于领先地位，如武汉测绘科技大学和中国测绘科学研究院都推出了实用系统。在

数字线画图的生产中，一般采用人机交互方法，类似于解析测图仪的作业过程。

### 5.3.3　遥感图像处理

#### 1. 遥感数据

航空相片是一种特殊而又应用最广泛的遥感数据，现将航空相片与遥感数据列表进行比较，然后进一步介绍各类遥感数据的特点。较之野外测量或野外观测，遥感数据有下列优点。

①空间详细程度高。

②增大了观测范围。

③能够进行大面积重复性观测。

④能够提供大范围的瞬间静态图像。

⑤大大加宽了人眼所能观察的光谱范围。

非摄影数据较航空相片易于数字化存储和处理，光谱敏感范围大大加宽，光谱分辨率提高，光谱波段大为增多。光谱分辨率较高的传感器称为成像光谱仪，这类仪器获取的图像上每一点都可以制成光谱曲线加以分析。

遥感中常使用的可见光和近红外较适于植被分类和制图，热红外适于温度探测，雷达图像较适于测量地面起伏和对多云地区进行制图；在微波范围也有微波辐射计等传感器，适于土壤水分制图和冰雪探测。

#### 2. 遥感图像的空间分辨率

航空相片比例尺反映航空相片上对地物记录的详细程度，数字遥感资料则靠空间分辨率来表示，分辨率大的遥感影像记录着更为详细的空间信息。

一般传感器的空间分辨率由其瞬时视场的大小决定，即由传感器内的感光探测器单元在某一特定的瞬间从一定空间范围内能接收到一定强度的能量而定，通过下式得到：

名义分辨率 = 图像某行对应于地面的实际距离 / 该行的像元数

雷达是一种自身发射电磁能又回收这种能量的主动式系统，其图像有两种分辨率。

①由其发送信号脉冲持续的时间和信号传播方向与地面的夹角决定的，被称为距离分辨率。该方向与飞行方向的地面轨迹在平面上几乎垂直。当雷达信号向其飞行底线方向传播信号时，这种分辨率达到无穷大。而在雷达侧视方向随着信号与偏离地底线的角度的增高距离分辨率不断改善，这种成像雷达称为侧视雷达。距离分辨率随地物离雷达的地面距离增加而提高。

②由雷达波束的宽度和地物离飞行底线的距离决定的，称为方位分辨率。该分辨率测量的是沿平行于飞行底线方向的分辨能力。方位分辨率随着地物离雷达的地面距离的增加而降低。

### 3. 图像的几何特性

水平面上的直线在扫描传感器所得到的图像上会变形，而且任何垂直于平面的物体都在图像上沿垂直于飞行方向向远处移位。当飞行方向与太阳方位平行时，所得图像上森林或高层建筑的阴影可得到均衡分布，即一棵树或一座楼房阴阳面的影像均可得到，这是比较理想的情况。而当飞行方向与太阳方位垂直时，会得到具有阴阳两个条带的图像，即在飞行底线的一侧物体影像基本来自阳面，而在另一侧则基本来自阴面，这会增加对物体的识别难度。对具有垂直中心投影的航空相片来说，飞行方向与太阳方位无关。

侧视雷达图像在航向的变形较复杂，在无起伏的平原地区，同样大小的地物离雷达的距离越近，其在图像上的尺寸越小，而当地形起伏时面向雷达的山坡回射信号强而背坡弱。有时甚至会出现由山顶到山麓的成像倒错，如两排山在垂直中心投影下本应按山峰—山谷—山峰的空间次序排列，在雷达图像上却会以山峰—山峰—山谷的次序排列。

由于雷达图像复杂的几何特性，使得水平方向上的几何校正比航空相片和扫描式遥感影像的几何校正难度大得多，因而雷达影像直接用于专题制图时不多。但是利用雷达影像进行高度测量却可以达到很高精度，这一技术称为雷达干涉测量学。

### 4. 常用的卫星数据

世界上常用的卫星数据是美国的陆地卫星（Landsat）专题制图仪（TM）、诺阿气象卫星的甚高分辨率辐射仪（NOAA-AVHRR）和法国 SPOT 卫星的高分辨率传感器（HRV）数据。

下一代卫星传感器都致力于增加波段、提高分辨率方面。Landsat 和 SPOT 可从设在北京的中国陆地卫星地面站获得，而 NDAA 影像则可从国家气象中心和许多省气象局或大学（如武汉测绘科技大学）获得。

对于大范围乃至全球变化研究，重要的是美国宇航局发射的中等分辨率成像光谱仪（MODIS），其有 36 个波段覆盖 0.4 ～ 14.5μm 的光谱范围。MODIS 在星下点的空间分辨率为 250m（波段 1 ～ 2），500m（波段 3 ～ 7），1000m（波段 8 ～ 36）。这种传感器可以同时探测大气、云、水汽、臭氧、海洋、冰雪、陆地表面等的光谱特性，可以用提取到的大气特征信息，校正对地表覆盖敏感的光谱波段图像，从而使陆地表面制图与全球变化信息的提取更加可靠。

### 5. 遥感图像处理系统

能够从宏观上观测地球表面的事物是遥感的特征之一，所以遥感数据几乎都是作为图像数据处理的。以武汉测绘科技大学研制的遥感图像处理系统 GeoImager 为例，遥感图像处理系统的基本功能如下。

（1）图像浏览

图像建立多级金字塔，可以快速缩放和漫游。

（2）图像编辑

任意形状裁剪、粘贴，可以画直线、椭圆、多边形等。

（3）图像运算

分为：逻辑运算、比较运算、代数运算等。

（4）图像变换

方法有：傅立叶（逆）变换、彩色（逆）变换、主分量（逆）变换等。

（5）图像融合

方法有：加权融合、彩色变换融合、主分量变换融合等。

（6）遥感图像制图

包括图框设计与图廓整饰信息的输入，地图注记等。

（7）文件管理

可以打开、关闭图像数据文件，打印输出图像，多种图像数据格式的转入、转出，包括 TGA,TIFF,GIF,PCX,BSQ,BMP,BIL,RAW,IMG 等。

（8）图像统计

可以对多幅图像统计，对多个波段的同一个多边形区域进行统计，可以统计图像之间的相关系数、协方差阵的特征值和特征向量等。

（9）图像分类

方法有：最大似然法、最小距离法、等混合距离法、多维密度分割等；分类后处理方法有：变更专题、统计各类地物面积。

（10）图像增强

方法有：线性拉伸、分段线性拉伸、指数拉伸、对数拉伸、平方根拉伸、LUT 拉伸、饱和度拉伸、反差增强、直方图均衡、直方图规定化等。

（11）图像滤波

方法有：均值滤波、加权滤波、中值滤波、保护边缘的平滑、均值差高通滤波、Laplacian 高通滤波、梯度算子、LOG 算子、方向滤波、用户自定义卷积算子等。

（12）图像几何处理

有图像旋转、镜像、参数法纠正、投影变换、仿射变换纠正、类仿射变换纠正、二次多项式纠正、三次多项式纠正、数字微分纠正、图像镶嵌、图像与图像配准等。

## 5.4 空间数据的处理

### 5.4.1 空间数据的数字化

非数字形式存在的数据，都必须经过数字化处理转化为数字数据，才能为GIS所支持和使用。已经是数字形式的数据，只需通过软件读入计算机，进行必要的处理后，为GIS所使用。

#### 1. 纸质地图的数字化

纸质地图数字化的方式有两种。一种方式是通过数字化仪，获得矢量数据。不过这种曾经在2000年前流行的数字化方法，现在已经不经常使用了。

另一种方式是使用数字扫描仪首先将需要数字化的对象转化为数字扫描图像，然后再对其进行数字化处理，这是当今数字化使用的主要设备和方法。

地图扫描数字化有两种方式：自动矢量化和交互式矢量化。对于分版的等高线图、水系图、道路网等，采用自动矢量化效率较高，一般先将灰度影像变换成二值影像，如果是彩色影像还要先进行分版处理，再从多级的灰度影像到二值影像。而对于城市的大比例尺图，只有采用交互式矢量化，采取人机交互的方式，对地图上每个图形实体逐条线划进行矢量化。

为了提高作业效率，有些软件增加计算机自动化的功能，如使用某软件，在一个多边形内或外点取一点，计算机能自动提取多边形拐点的坐标。对于一些虚线或陡坎线，系统也能自动跳过虚线或陡坎线的毛刺进行自动跟踪。此外该软件还增加了数字和汉字识别功能，大大提高了地图数字化的作业效率。

#### 2. 影像或图片数据的数字化

遥感影像或图片如果不是数字形式的，可以通过多种方式进行数字化，不过分辨率不同。扫描所得到的数字数据需要进行地理坐标的参考化处理，方能与地图数据一起使用；有时还需要进行影像的拼接和匀光处理。

### 3. 文本数据的数字化

文本数据如果不是数字形式的，也需要进行数字化处理。可以采用与影像和图片数字化的方式，但需要借助文字识别软件，转化为计算机可以识别的字符。当然，也可以采用键盘输入的方式进行数字化。

## 5.4.2　空间数据转换

随着地理信息系统的普及应用，许多单位存储已经数字化了的空间数据。空间数据转换作为空间数据获取的手段之一，在现代 GIS 的建设中起到越来越重要的作用。在 GIS 建设之前需要对该地区的空间数据进行详细的审查，该地区存在哪些空间数据？是否符合质量要求？以什么样的格式存储？如何进行转换？

空间数据转换目前主要通过外部数据交换文件进行。大部分商用 GIS 软件定义了外部数据交换文件格式，一般为 ASCⅡ码文件，如 ARC/INFO 的 E00，MapInfo 的 MID，Auto CAD 的 DXF，MGE 的 ASCⅡ Loader 等。这样，系统之间的数据一般要通过 2 ～ 3 次的转换。

地理空间数据除了因地理参考系统不同而需要进行地理坐标和投影坐标转换外，经常还需要进行平面直角坐标系之间的转换。

### 1. 空间坐标转换概念

两个直角平面坐标系之间的转换是根据选定的位于两个坐标系中的一定数量的对应控制点，选定坐标转换的计算方法，解算坐标转换的计算参数，建立坐标系之间转换的数学关系后，将一个坐标系中的所有对象的几何坐标转换到另一个坐标系的过程。遇到下列情形时，需要进行空间坐标转换：

①数字化设备坐标系的测量单位和尺度与地图的真实世界坐标系不一致时，需要将设备坐标系转换到地图坐标系。如地图数字化仪、地图扫描仪坐标到地图坐标的转换。

②自由坐标系到地图坐标系的转换。如一些地方坐标系（如城市坐标系）、自由测量坐标系需要转换到地图坐标系。一般来讲，地方坐标系与地图坐标系之间的转换参数是已知的，不需要解算，可以直接根据转换参数进行坐标转换。

③影像文件的坐标系到地图坐标系的转换。影像文件的坐标系是左上角为原点的坐标系，坐标单位是像素。将其转换为地图坐标系，也称为影像的地理坐标参考化。

④计算机屏幕坐标、绘图仪坐标与地图坐标系的转换。在 GIS 中，地图特征是按照真实世界坐标存储的。如果将其显示在计算机屏幕，或制图输出，需要经地图坐标转换为屏幕坐标和绘图仪坐标。

⑤中心投影坐标系到地图坐标系的转换。如果是从一张中心投影的相片直接提取的数据，需要经过正射投影方法（透视投影）转换为地图坐标系。

### 2. 常用的坐标转换方法

常用的坐标转换方法有基本坐标变换、相似变换、仿射变换、多项式变换和透视变换等。

（1）基本坐标变换

在投影变换过程中，有以下三种基本的操作：平移、缩放和旋转。

①平移。平移是将图形的一部分或者整体移动到笛卡尔坐标系中另外的位置，其变换公式如下：

$$\begin{aligned} X' &= X + T_x \\ Y' &= Y + T_y \end{aligned} \tag{5-2}$$

②缩放。缩放操作可以用于输出大小不同的图形，其公式为：

$$\begin{aligned} X' &= XS_x \\ Y' &= YS_y \end{aligned} \tag{5-3}$$

③旋转。在地图投影变换中，经常要应用旋转操作，实现旋转操作要用到三角函数，假定顺时针旋转角度为$\theta$，其公式为：

$$\begin{aligned} X' &= X\cos\theta + Y\sin\theta \\ Y' &= -X\sin\theta + Y\cos\theta \end{aligned} \tag{5-4}$$

（2）相似变换

相似变换认为不同坐标系间发生了旋转、坐标原点的平移，但两坐标轴之间具有相同的比例因子（$x$轴和$y$轴有相同的缩放比），是仿射变换的特殊情况。这种变换至少需要对应坐标系的 2 个对应控制点以及 4 个变换参数，变换公式为

$$\begin{aligned} X &= A_0 + A_1x - B_1y \\ Y &= B_0 + B_1x + A_1y \end{aligned} \tag{5-5}$$

计算这种变换，至少需要对应坐标系的 2 个对应控制点计算$\left(A_0, A_1, B_0, B_1\right)$的 4 个变换参数。超过 2 对坐标，采用最小二乘求解。

（3）仿射变换

仿射变换是使用最多的一种几何纠正方式。如果两个坐标系存在原点不同，两坐标轴在$X$、$Y$方向的比例因子不一致，坐标系之间存在夹角、倾斜等仿射变形，就需要采用仿射变换。仿射变换的公式为

$$X = A_0 + A_1x + A_2y$$

$$Y = B_0 + B_1 x + B_2 y \tag{5-6}$$

计算这种变换，至少需要对应坐标系的 3 个对应控制点计算$(A_0, A_1, A_2, B_0, B_1, B_2)$的 6 个变换参数。超过 3 对坐标，采用最小二乘求解。

（4）多项式变换

当不考虑高次变换方程中的$A$和$B$时，高次变换方程变为二次方程，符合二次方程的变换被称为二次变换。二次变换至少需要 5 对控制点的坐标及理论值才能求出待定系数，通常适用于原图有非线性变形的情况。将满足高次变换方程的变换称为高次变换。高次变换需要有 6 对以上控制点的坐标和理论值才能求出待定系数。

如果存在图形的二次或高次变形改正，同时需要进行坐标平移、缩放、旋转等，则需要采用二次或高次多项式进行转换。二次多项式为

$$X = A_0 + A_1 x + A_2 y + A_3 x^2 + A_4 y^2 + A_5 xy$$
$$Y = B_0 + B_1 x + B_2 y + B_3 x^2 + B_4 y^2 + B_5 xy \tag{5-7}$$

计算这种变换，至少需要对应坐标系的6个对应控制点计算$(A_0, A_1, A_2, A_3, A_4, A_5, B_0, B_1, B_2, B_3, B_4, B_5)$的 12 个变换参数。超过 2 对坐标，采用最小二乘求解。如果是高次变形转换和改正，则需要更多的控制点。超过必要的控制点个数，采用最小二乘求解。

（5）透视变换

如果图形存在透视变形，就需要进行透视变换。透视变换的公式为

$$X = \lambda(a_1 x + a_2 y - a_3 f)$$
$$Y = \lambda(b_1 x + b_2 y - b_3 f)$$
$$Z = \lambda(c_1 x + c_2 y - c_3 f) \tag{5-8}$$

其中，$\lambda$、$f$ 分别为影像的摄影比例尺和摄影机主距。计算这种变换，至少需要 5 个对应控制点计算 10 个变换参数。超过必要的控制点个数，采用最小二乘求解。

### 3. 坐标转换方法的应用

地图在数字化时可能产生整体的变形，归纳起来，主要有仿射变形、相似变形和透视变形，图纸的变形常常产生前两种变形。新创建的数字化地图，数字化设备的度量单位与地图的真实世界坐标（测量坐标）单位一般不会一致，且存在变形，需要进行从设备坐标到真实世界坐标的转换。影像文件坐标的空间参考化等常采用仿射变换方法。

屏幕坐标、绘图仪坐标和自由坐标系之间的转换常采用相似变换方法。存在高次变形的地图数据，如果需要与地图坐标数据进行配准、坐标转换，则采用多项式变换方法。

数字化仪坐标到地图坐标转换，控制点位置的选择应选择一幅地图的4个图廓点坐标。

其他坐标转换方法的控制点的位置应在图幅内尽可能均匀选择、布局合理，以控制变形改正的质量。

### 5.4.3 空间数据的编辑

空间数据编辑的任务主要有两方面：一是修改数据过程中产生的错误表达；二是将各种形式表达的数据编辑为GIS数据建模所要求的表达方式。

#### 1. 数据表达错误的编辑

在数据生产中，或多或少会存在一些错误的表达，这需要通过数据编辑处理加以改正。这些错误主要是位置不正确造成的。

这些表达错误涉及节点、弧段和多边形三种类型。其中，节点错误主要是节点不达、超出和不吻合等。伪节点的情况不一定是错误，可能是表达的折线的角点超出所规定的个数（如5000个）造成的。如果节点连接的两条折线的角点个数没有超出一条折线所规定的个数，且两条折线同属一个特征，则这个节点是伪节点，应该删除它。若是节点超出，问题就转化为线的问题，应删除超出的线段。直线悬空也未必一定是错误的，如城市的立交道路，如果必须相交，则应增加交点节点。节点不吻合的现象经常发生，应该将不吻合的多个节点做黏合处理。多边形不闭合，则是一条折线，会失去多边形的含义。碎多边形和奇异多边形可能是数字化过程产生的，应加以改正。删除和增加角点，会改变线性特征的形状，应加以适当处理。多余的小多边形必须删除，跑线需要重新数字化或测量。实际情况是，数据表达错误远不止这些，一些特殊的表达错误需要按照节点、弧段和多边形错误改正方法进行改正，有时需要更为复杂的操作才能完成，如先分割一条线，再删除其某一部分。

#### 2. 空间数据的拓扑编辑

空间对象之间存在空间关系，如几何关系、拓扑关系、一般关系等。如果存在逻辑表达不合理，则也需要进行编辑改正。拓扑编辑主要是基于拓扑规则进行的，在GIS软件中，先产生拓扑类，根据拓扑类，定义拓扑规则，按照拓扑规则验证拓扑表达关系是否正确。

#### 3. 空间数据的值域约束编辑

在空间数据的错误编辑或形状编辑过程中，会影响其属性取值。这也需要一些规则来给编辑后的特征对象进行赋值。属性取值采用值域约束规则，包括范围域、编码域和缺省值等。

范围域通过设置最大和最小值域，对对象或特征类的数字取值进行规则验证，适用于文本、短整型、长整型、浮点型、双精度和日期型的数据类型。

特征的许多属性是分类属性。例如，土地利用类型可以采用一个值的列表作为约束规则，如“居住”“工业”“商业”“公园”等。可以使用代码域随时更新列表约束规则。

在数据输入时，一个经常出现的情形是，对于某个属性，经常使用相同的属性取值。使用属性的缺省值规则，可以为特征类在产生、分割或合并时的子类赋缺省值。例如选择“居住”为缺省值，当地块产生、分割或合并时进行赋值。适用于文本、短整型、长整型、浮点型、双精度和日期型的数据类型。

一旦设置了上述的值域约束规则，在对象被分割和合并时，就可以为子对象进行赋值。例如，当一个地块被分割为两个时，新的地块的属性取值可能是基于它们各自面积所占的比例赋值。或者将某个属性值直接复制给这两个地块，或者将缺省值赋给新的对象。当合并对象时，新对象的属性值可以是缺省值、求和的值或加权平均值。

### 4. 投影变换

从三维物体模型描述到二维图形描述的转换过程称为投影变换。确切地说，从空间选定的一个投影中心和物体上每点连直线便构成了一簇射线，射线与选定的投影平面的交点集便是物体的投影。

投影变换分平行投影与透视投影。平行投影与透视投影之间的区别在于投影射线是相互平行还是汇聚于一点，或者说投影中心是在无限远处还是在有限远处。

平行投影图是物体向投影平面做平行投影所产生的图形。例如，在机械制图中的三视图就是三维向二维做特殊的平行投影——正投影的结果。这种投影实感性较差，这是因为在一个视图上只能表现物体两个方向的情况。如果改变投影平面体系中物体的位置，或者物体不变而选择另一个投影方向，使在一个图中同时出现物体三个方向的情形，那么，投影图的实感性便会显著增强，如正轴测投影和斜平行投影。

透视投影属于中心投影，它比轴测投影更富有立体感和真实感，因为它能将物体的远近关系和层次关系表现出来，使观察者有一种置身三维空间的感觉。

### 5. 图幅拼接

随着 GIS 应用领域的不断扩大，如城市规划系统、地下管网管理系统、土地管理系统、公安警用系统等，由于其管理的数据量很大，且比例尺也大，所以单幅图的管理已不能满足应用的需要。在目前 GIS 应用系统中，多采用以图幅为单位进行管理。现在世界各国的一般方法是采用经纬线分幅或采用规则矩形分幅。

图幅的拼接总是在相邻两图幅之间进行的。要将相邻两个图幅之间的数据集中起来，就要求相同实体的线段或弧段的坐标数据相互衔接，也就要求同一实体的属性码相同，因此必须进行图幅数据边缘匹配处理。

下面以 MapGIS 图幅接边为例介绍接边步骤：

①创建或打开图库文件。

• 创建新图库文件：建立新图库。

• 打开图库文件：将已存在的图库装入系统，图库文件名后缀为“*.DBS”。

②添加库类。向图库中添加新的库类（含有新的属性结构的文件类）。

③输入图幅。向图库输入或添加图幅（有统一图幅大小、比例尺、分幅方式等参数）。

④图幅接边。消除相邻图幅接合处的连接误差，包括自动化接边和交互式接边。

⑤图幅检索。建立图库的一个重要目的是便于用户进行检索查询，包括图幅区域检索、图元属性检索、图元层号检索、图元参数检索。

注：若图库已建好，已输入全部图幅并完成图幅拼接，则图库的使用只需要“打开图库文件”和“图幅检索”两个步骤。

## 5.5 空间数据的质量与数据标准化

### 5.5.1 空间数据质量的概念

GIS 数据质量是指 GIS 中空间数据在表达空间位置、属性和时间特征时所能达到的准确性、一致性、完整性以及三者统一性的程度。“GIS 数据质量研究的目的是建立一套空间数据的分析和处理的体系，包括误差源的确定、误差的鉴别和度量方法、误差传播的模型、控制和削弱误差的方法等，使未来的 GIS 在提供产品的同时，附带提供产品的质量指标，即建立 GIS 产品的合格证制度。”①

从应用的角度，可把 GIS 数据质量的研究分为两大问题。当 GIS 录入数据的误差和各种操作中引入的误差已知时，计算 GIS 最终生成产品的误差大小的过程称为正演问题。而根据用户对 GIS 产品所提出的误差限值要求，确定 GIS 录入数据的质量称为反演问题。显然，误差传播机制是解决正反演问题的关键。

研究 GIS 数据质量对于评定 GIS 的算法、减少 GIS 设计与开发的盲目性都具有重要意义。如果不考虑 GIS 的数据质量，那么当用户发现 GIS 的结论与实际的地理状况相差较大时，GIS 就会失去信誉。

① 高峰．渔业地理信息系统 [M]．北京：中国海洋大学出版社，2019：130.

### 5.5.2　GIS 数据质量的一般指标

#### 1. 现势性

如数据的采集时间、数据的更新时间的有效性等。

#### 2. 逻辑一致性

指数据库中没有存在明显的矛盾，如节点匹配、多边形的闭合、拓扑关系的正确性或一致性等。

#### 3. 完备（整）性

是指数据库对所描述的客观世界对象的遗漏误差，如数据分类的完备性、实体类型的完备性、属性数据的完备性、注记的完整性等。

#### 4. 精度

空间数据表达的精确程度或精细程度，包括位置精度、时间精度和属性精度。精细程度的另一个可替代名词是“分辨率”，在 GIS 中经常使用这一概念。分辨率影响到一个数据库对某一具体应用的使用程度。采用分辨率的概念避免了把统计学中精度和观测误差概念的精度相互混淆。在 GIS 中，空间分辨率是有限的。

#### 5. 准确度

准确度用于定义地理实体位置、时间和属性的量测值与真值之间的接近程度。独立地定义位置、时间和属性表达的准确度，可能忽略它们之间存在的相互依赖关系，而存在局限性。尽管可以独立地定义时间、空间、属性的准确度，但由于时空变化的不可分割性，空间位置和属性变化之间的依赖性，这种定义实际上意义并不大。因此，准确度更多的是一个相对意义而非绝对意义。

### 5.5.3　空间数据的不确定性

空间数据的不确定性会给空间数据的分析和结果带来不利影响。准确理解空间数据不确定性概念和如何回避和降低数据的不确定性，是正确使用空间数据的基础。

#### 1. 空间数据不确定性的概念

GIS 中处理自然和人为环境数据时，会产生空间数据多种形式的不确定性。不确定性是指在空间、时间和属性方面，所表现的某些特性不能被数据收集者或使用者准确确定的特性，如图形的边界位置、时间发生的准确时刻、空间数据的分类以及属性值的准确度量等模糊问题。

如果忽略空间数据的不确定性，那么即使在最好的情况下也会导致预测或建议的偏差。如果是最坏的情况，将会导致致命的误差。

不确定性最本质的问题在于如何定义被检验的对象类（如土壤）和单个对象（如土壤地图单元），即问题的定义。如果对象类和单个对象都能完整定义，则不确定性由误差产生，而且在本质上问题转化为概率问题。如果对象类和单个对象未能完整定义，则能识别不确定性的因素。如果对象类和单个对象未能完整定义，则类别或集合的定义是模糊的，利用模糊集合理论可以方便地处理这种情况。

对象类和单个对象如果是多义性的，即在定义区域内集合时相互混淆。这主要是由不一致的分类系统引起的，包括两种情况，一是对象类或对象个体定义是明确的，但同时属于两种或以上类别，从而引起不一致；另一种情况是指定一个对象属于某种类别的过程对解释是完全开放的，这个问题是“非特定性的”。

为了定义时空维度上对象不确定性的本质，必须考虑是否能在任一维度上将一对象从其他对象中清楚且明确地分离出来。在建立空间数据库时，必须弄清两个问题：对象所属的类能否清楚地同其他类分离出来，以及在同类中能否清楚地分离出对象个体。

#### 2. 完整定义地理对象的例子

在发达国家，人口地理学都有完整的定义；即使不发达国家在实施时有点模糊，但仍有完整的定义。国家的许多边界精确的区域通过特殊的限定，逐级合并形成严格的区域层次结构。

定义完整的地理对象基本上是由人类为了改造他们所占据的世界而创建的，在组织良好的政治、法律领域都存在。其他对象，如人工或自然环境中的对象，看上去似乎也是完整定义的，但这些定义倾向于一种测量方法和以烦琐精密的检查为基础，因此这样的完整定义是模糊的。

#### 3. 不完整定义地理对象的例子

由于植被制图中存在着不确定性，如从一片树林中完全准确地划分林种的范围是困难的，因此在实际划分时，可能需要根据各类林种所占的百分比来确定边界作为标准。

### 5.5.4 空间数据质量的控制

空间数据质量控制主要是针对其中可度量和可控制的质量指标而言的，从数据质量产生和扩散的所有过程和环节入手，分别采取一定的方法和措施来减少误差，以达到提高系统数据质量和应用水平的目的。

### 1. 空间数据生产过程中的质量控制

现以地图数字化生成空间数据过程为例，介绍数据质量控制的措施。

（1）数据源的选择

对于大比例尺地图的数字化，应尽量采用最新的二底图，以保证资料的现势性和减少材料变形对数据质量的影响。

①数据源的误差范围不能大于系统对数据误差的允许范围。

②地图数据源最好采用最新的二底图。

③尽可能减少数据处理的中间环节。如直接使用测量数据建库而不是将测量数据先制图。

（2）数字化过程的数据质量控制

对于数字化过程的数据质量控制，主要从数据预处理、数字化设备的选用、数字化对点精度、数字化限差和数据精度检查等环节出发，减少数字化误差，提高工作效率。

### 2. 空间数据处理分析中的质量控制

空间数据在计算机的处理分析过程中，会因为计算过程本身引入误差。

（1）计算误差

在计算机按所需的精度存储和处理数据时，当数据有效位数较少时，反复的运算处理过程会使舍入误差积累，带来较大的误差。

（2）数据转换误差

数据类型转换和数据格式转换时，GIS 数据处理中的常用操作都是通过一定的运算而实现的，因而会带来一定的误差。特别是矢量数据格式与栅格数据格式之间的转换，误差会因为栅格单元尺寸而受到很大影响。

（3）拓扑叠加分析误差

叠加分析是 GIS 特有的重要空间分析手段。在对矢量数据的多边形进行叠加分析时，由于多边形的边界不可能完全重合，从而产生若干无意义的多边形，对这样无意义的多边形的处理，往往会因改变多边形的边界位置而引起误差，并可能由此进一步带来空间位置上地物属性的误差。

总之，空间数据的采集与处理工作是建立 GIS 的重要环节，了解 GIS 数字化数据的质量与不确定性特征，纠正数据质量产生和扩散的所有过程和环节产生的数据误差，对保证 GIS 分析应用的有效性具有重要意义。

### 5.5.5 空间数据元数据的标准

伴随着人类对数字地理信息重要性认识的加深，元数据标准化便逐渐成为人们共享地学信息的热点。而要研究元数据体系，则首先要对元数据的理论基础有一个正确的分析。事实上，元数据标准依赖于信息共享标准的理论，它与自然科学中的许多学科都有交叉，并依赖于现代科技的发展。计算机是它的基础平台，网络是它的通信基础，没有数学模型和对各学科的综合认识，也就谈不上用遥感等技术研究地球机理。因此，从宏观角度来看，地理信息标准化涉及许多领域；但从微观角度来考虑，数字地理信息所研究的共享体系理论则主要包括地理信息的模型建立表示理论、空间参照系理论、质量体系理论以及计算机通信技术等方面的理论，它们是数据共享体系的基础。当然，其他能够促使地理信息共享的理论也将成为基于数字地球的元数据体系的有力支柱。

同物理、化学等学科使用的数据结构类型相比，空间数据是一种结构比较复杂的数据类型。它既涉及对于空间特征的描述，也涉及对于属性特征及其关系的描述，所以空间数据元数据标准的建立是项复杂的工作；并且由于种种原因，某些数据组织或数据用户开发出来的空间数据元数据标准很难为地学界所广泛接受。但空间数据元数据标准的建立是空间数据标准化的前提和保证，只有建立起规范的空间数据元数据，才能有效地利用空间数据。目前，针对空间数据元数据，已经形成了一些区域性的或部门性的标准。

对于元数据标准内容，目前，国际上主要有三个组织做了大量的工作，它们分别是欧洲标准化组织（CEN/TC 287），美国联邦地理数据委员会（FGDC）以及国际标准化组织（ISO/TC 211）。其他，还有美国国家航空和宇宙航行局（NASA）DIF 标准、电器和电子工程师协会（IEEE）标准等。

# 第 6 章　空间数据查询与分析

空间分析是建立 GIS 的目的之一。空间数据只有经过操作处理才能转换为人们需要的信息。空间分析的类型和方法十分丰富，但空间分析的方法有时也是十分复杂的。

## 6.1　空间数据查询

当地理信息系统中的空间数据库建立起来后，首要面临的问题即为空间数据的查询。所谓的空间数据的查询就是用户依据某些查询条件查询空间数据库中所存储的空间信息与属性信息的过程。

空间数据的查询过程可分为几种不同的形式，当空间数据库中所存储的空间数据及属性数据可以直接满足用户的查询的时候，即可将查询结果直接反馈；当用户查询的结果在某一个固定范围内的时候，可以根据一些逻辑运算完成限定约束条件下的查询；同时空间查询还可以完成一些更为复杂的查询条件，如建立空间模型预测某些事物的发生和发展。

空间数据的查询内容大致可以分为如下四类。

（1）简单查询

简单查询是空间数据查询中最基本的查询功能，即可以直接查询空间数据，包括单图层查询和分层图层的查询，如通过坐标数据查询该坐标点所在的位置。

（2）区域查询

查询某个或某些固定区域内的空间数据，如在某个省内查询所有的市。

（3）条件查询

依据某个或某些条件查询空间数据，如需要查询一家新建的银行的最佳位置，则可根据要在人口密集、交通方便且远离其他银行的条件进行查询。

（4）空间关系查询

即为查询空间数据之间的相互关系，如矢量数据拓扑关系查询、面与面、线与线、点与点、点与线、点与面、线与面等。

空间数据的查询功能是需要固定的软硬件来实现的，硬件即为计算机，软件分为两种，一种为具有空间查询功能的地理信息系统软件，如 ArcGIS，可以实现多种空间数据的查询功能；另一种即为利用专业的计算机语言构造空间数据查询功能的软件，如 C、C++、C#、Java 等，或在专业的地理信息系统软件中进行二次开发，构造查询模型。

## 6.2 叠加分析

在实际应用中，经常会遇到以下类似问题：

①某市准备对中心城区的繁华路段进行道路扩建，需要对道路沿线特定范围内的建筑物进行拆除，应当如何计算和评估工程预算？

②某市需要进行生态保护线的划定，如何根据生态指标的相关因素，确定生态保护线？

③某房地产企业计划新建大型商场，如何根据人口、交通、区位等因素进行选址？

要解决上述问题，就需要综合考虑交通、居民地、人口、植被等多种要素的影响，可以利用叠加分析方法，快速生成科学合理的解决方案。

### 6.2.1 叠加分析的特点

叠加分析的特点如下：

①生成新的空间关系。例如，叠加 2005 年和 2010 年两个时期的土地利用图，提取土地利用性质不变的地块，生成新的要素层，从而在新要素层中，构建不同地块新的空间关系。

②通过联合不同数据的属性，产生新的属性关系。例如，将地貌图（如平原、丘陵、盆地、山地等）与土壤图（如黄壤、红壤、赤红壤、黑土）相叠加，结合属性信息，获得新的属性关系，如平原上的黄壤分布，山地上的红壤分布等。

③利用数学模型，综合计算新要素的属性信息，得到某种综合结果。例如，评价土地的适宜性时，土壤、植被、交通、居民地等图层各有一个独立的评价值，各图层叠加后，利用相应的数学模型，能够得到土地适宜性综合评价结果。

### 6.2.2 基于矢量的叠加分析

#### 1. 根据输入数据的类型进行分类

根据输入数据的类型，叠加分析可以分为多边形的叠加分析、点与多边形的叠加分析、线与多边形的叠加分析三类。

（1）多边形的叠加分析

多边形的叠加分析是指将两个图层中的多边形要素叠加，生成新的多边形要素图层，同时将原图层的所有属性信息赋给新要素图层，以满足建立分析模型的需要。

通过多边形的叠加分析，不仅可以获得要素的公共部分，还可以获得要素的差异部分。多边形叠加操作可以分为：并操作、交操作、擦除操作，以及裁剪操作等。

①并操作，是输出两个图层中所有图形要素和属性数据。例如，建筑物扩建，如果需

要获得新建筑物的范围，可以对新增的范围和旧建筑物的范围进行并操作。

②交操作，是输出两个图层中的公共部分。例如，进行土地利用类型变化分析，提取没有发生变化的土地类型，可以使用交操作。

③擦除操作，是以叠加图层为控制边界，输出输入图层中控制边界范围外的所有部分。

④裁剪操作，是以叠加图层为控制边界，输出输入图层中控制边界范围内的所有部分。裁剪操作与擦除操作的输出结果正好相反。例如，输入图层为耕地分布图，而叠加图层为耕地中的新建居民地分布图，如果需要统计未被侵占的耕地面积，需要使用擦除操作；而如果需要统计被居民地所侵占的耕地面积，应当使用裁剪操作。

（2）点与多边形的叠加分析

点与多边形的叠加分析实质是通过计算包含关系，判断点的归属，其结果是为每个单点添加新的属性。

如现有商场分布的点数据，需要判断商场所属街区，可以将商场的点图层与街区的面图层进行叠加。结果是在商场的属性表中，添加了所属街区的“街区号”和“街区名”等信息。

（3）线与多边形的叠加分析

线与多边形的叠加分析实质是将多边形面要素层与线要素层叠加，确定每条线段（全部或部分）所属的多边形。在叠加分析过程中，一条线段可能会被面要素层切割成多条弧段，叠加后的每条弧段将产生新的属性。

例如，长江流经青海、西藏、四川、安徽、江苏、上海等省级行政区。如果将河流图和行政区划图叠加，长江将被区划边界分成不同的部分，每一部分将添加所属省份的相关属性信息。

### 2. 根据输出结果进行分类

根据输出结果的不同，叠加分析可以分为合成叠加分析和统计叠加分析。

合成叠加分析生成包含众多新要素的图层，而图层中的每个要素都具有两种以上的属性。通过合成叠加分析，能够查找同时具有多种地理属性的分布区域。例如，通过土壤图层与地貌图层的叠加分析，新生成的任意板块都同时具有土壤类型和地貌类型的相关信息。

统计叠加分析生成统计报表，其目的是统计要素在另一要素中的分布特征。例如，将快餐店分布图与市级行政区划图进行统计叠加分析，能够获得市域内的快餐店数量。

### 3. 叠加分析的实现

以多边形的叠加分析为例，叠加分析主要包括以下三个步骤。

（1）提取多边形的边界

将所有边界线段在与另一图层段相交的位置处打断。如两个分别包含一个多边形的图层，在叠加后生成两个新的交点，将原来的弧段在点 3 和点 4 处打断，从而生成叠加图。

（2）重新建立弧段——多边形的拓扑关系

记录每个多边形所对应的弧段，同时记录每个弧段的起点、终点、左多边形和右多边形等信息。

（3）设置多边形的标识点，传递属性

在叠加过程中，可能会产生冗余多边形。冗余多边形往往面积较小且无实际意义。需要根据预先设定值，对叠加分析所生成的多边形进行筛选，并对所选取的多边形，设置标志点，赋予相应的属性值。

## 6.2.3 栅格数据空间叠加分析

基于栅格数据叠加分析的特点是参与叠加分析的空间数据为栅格数据结构。栅格叠加分析的条件是要具备两个或多个同一地区相同行列数的栅格数据，要求栅格数据具有相同的栅格大小。对不同图层间相对应的栅格进行运算，其叠加分析的结果是生成新的栅格图层，产生新的空间信息。栅格叠加分析又称为“地图代数”。

### 1. 栅格数据结构

栅格数据有三种常用的结构：逐像元编码、游程长度编码和四叉树。

（1）逐像元编码

逐像元编码（Cell-by-cell Encoding）提供了最简单的数据结构。栅格模型被存为矩阵，其像元值写成一个行列式文件。此方法在像元水平的情况下起作用，若栅格的像元值连续变化，本方法是理想的选择。

（2）游程长度编码

游程长度编码（Run-Length Encoding）适用于栅格数据模型的像元值具有许多重复值的情况。它是以行和组来记录像元值的，每一个组代表拥有相同像元值的相邻像元。

（3）四叉树

四叉树（Quad Tree）不再每次对栅格按行进行处理，而是用递归分解法将栅格分成具有层次的象限。

由于栅格数据结构相对简单，其空间数据的叠合和组合操作十分容易和方便，因此基于栅格数据的空间分析较容易实现。但是，栅格数据也存在着数据量较大、冗余度高、定位精度比矢量数据低、拓扑关系难以表达且投影转换比较复杂等问题。

栅格叠加分析是指两个或者两个以上的栅格数据以某种数学函数关系作为叠加分析的依据进行逐网格运算，从而得到新的栅格数据的过程。

**2. 栅格叠加分析的方法**

常用的栅格叠加分析方法包括点变换方法、区域变换方法和领域变换方法。

（1）点变换方法

点变换方法只对各图上相应的点的属性值进行运算。实际上，点变换方法假定独立图元的变换不受其邻近点的属性值的影响，也不受区域内一般特征的影响。

点变换方法是栅格叠加分析的核心方法，它是栅格的运算操作，可对单个栅格图层数据进行加、减、乘、除、指数、对数等各种运算，也可对多个栅格图层进行加、减、乘、除、指数、对数等运算。运算得到的新属性值可能与原图层的属性值意义完全不同。

（2）区域变换方法

区域变换是指计算新图层相应栅格的属性值时，不仅要考虑原来图层上对应的栅格的属性值，而且要顾及原图层栅格所在区域的几何特征（区域长度、面积、周长、形状等）或原图层同名栅格的个数。

（3）领域变换方法

领域变换是在计算新层图元值时，不仅考虑原始图层上相应图元本身的值，而且还要考虑与该图元有领域关联的其他图元值的影响。常见的领域有方形、圆形、环形、扇形等。

以上基于栅格数据的叠加分析，讨论了三种主要的变换，在实际应用中可以通过交互运算，满足不同的空间分析需求。举个例子，现有两个不同时期河道水下地形的栅格 DEM 数据，将两个不同时期的栅格 DEM 数据进行叠加分析，则可得到河道水下地形在不同时期的冲淤变化情况。

### 6.2.4　叠加分析的应用

叠加分析在土地利用变化分析、土地适宜性评价、工程选址分析等方面均具有广泛应用。以商城选址为例，介绍叠加分析的具体应用流程。

（1）分析影响因素，获取相关数据

如某房地产企业计划新建大型商场。首先，考虑新建商场的影响范围应尽量避免与已有商场的影响范围重叠，需要获取已有商场影响范围的数据。其次，考虑新建商场应当建在便捷的交通网附近，需要获取主要交通线路影响范围的数据。再次，考虑新建商场应当具备大量的购物群体，需要获取居民区影响范围的数据。最后，新建商场附近需要具有便捷的停车环境，需要获取停车场影响范围的数据。

（2）叠加分析

首先，由于商场的候选区域应当在交通线、居民区和停车场的影响范围内，则对交通线路影响范围的数据层、居民区影响范围的数据层和停车场影响范围的数据层进行“交”操作。其次，由于新建商场的影响范围应当避免与原有商场的影响范围发生重叠，因此，需要将“交”操作所获得的结果图层与原有商场影响范围的数据层进行“擦除”操作，从而获得符合条件的区域，即为候选区域。

（3）确定最佳的选择区域

由于通过前两步分析计算，所获得满足条件的地址往往不止一处，因此还需要综合考虑其他影响因素，在候选区域中选定新建商场的地址。

## 6.3 缓冲区分析

### 6.3.1 缓冲区的类型

**1. 点的缓冲区**

基于点要素的缓冲区，通常以点为圆心、以一定距离为半径的圆。

**2. 线的缓冲区**

基于线要素的缓冲区，通常是以线为中心轴线、距中心轴线一定距离的平行条带多边形。

**3. 面的缓冲区**

基于面要素多边形边界的缓冲区，向外或向内扩展一定距离以生成新的多边形。

**4. 多重缓冲区**

在建立缓冲区时，缓冲区的宽度也就是邻域的半径并不一定是相同的，可以根据要素的不同属性特征，规定不同的邻域半径，以形成可变宽度的缓冲区。例如，沿河流绘出的环境敏感区的宽度应根据河流的类型而定。这样就可根据河流属性表，确定不同类型的河流所对应的缓冲区宽度，以产生所需的缓冲区。

缓冲区分析还可以考虑权重因素，建立非对称缓冲区。例如，污染物的扩散存在方向性，在空间上通常是不均匀的，某些方向（如顺风方向）扩散较远，其他方向扩散不远，于是可以建立污染源周围的非对称缓冲区。与此相反，不考虑权重因素的缓冲区分析则称为对称缓冲区。

缓冲区分析是城市地理信息系统的重要空间分析功能之一，它在城市规划和管理中有着广泛的应用。例如，假定公园选址要求靠近河流、湖泊，或者垃圾场的选址要求在城市范围一定距离之外等，都需要依靠缓冲区分析。

### 6.3.2　栅格缓冲区的建立方法

缓冲区分析算法包括栅格方法和矢量方法。栅格方法又称为点阵法，它通过像元矩阵的变换，得到扩张的像元块，即原目标的缓冲区。

通过欧氏距离变换能够快速建立栅格缓冲区。将栅格数据表示为一个二值（0，1）矩阵$(M \times N)$，其中“0”像元为空白位置，“1”像元为空间物体所占据的位置。经过距离变换，计算出每个“0”像元与最近的“1”像元的距离，即背景像元与空间物体的最小距离。假设缓冲区的宽度为$d$，则缓冲区边界就是距离为$d$的各个背景像元的集合。

某像元$P_{ij}$与“1”像元的欧氏距离的计算可通过其行号$a_{ij}$与列号差$b_{ij}$得到，$d_{ij}=\sqrt{\left(a_{ij}^2+b_{ij}^2\right)}$。欧氏距离变换的方法是，首先设“1”像元$P_{ij}$的$a_{ij}=b_{ij}=0$，设“0”像元的$a_{ij}=b_{ij}=\max(M,N)$；然后计算各个像元及其周围 8 个像元的欧氏距离值并刷新$a_{ij}$和$b_{ij}$值，这时$a_{ij}$和$b_{ij}$表示了该像元与最邻近的“1”像元的行号差及列号差；最后通过公式$d_{ij}=\sqrt{\left(a_{ij}^2+b_{ij}^2\right)}$计算它与“1”像元（空间物体）的最小距离。

具体算法可描述为

①对所有像元$P_{ij}=1$，置$a_{ij}=b_{ij}=0$，否则置$a_{ij}=b_{ij}=\max(M,N)$。

②按照从上到下、从左到右的次序计算$d_{ij}$并刷新$a_{ij}$，$b_{ij}$的值：

首先计算$d'_{ij}$：

$$d'_{ij}=d_{ij}=\sqrt{\left(a_{ij}^2+b_{ij}^2\right)}$$

$$d'_{i-1,j-1}=\sqrt{\left(a_{i-1,j-1}+1\right)^2+\left(b_{i-1,j-1}+1\right)^2}$$

$$d'_{i-1,j}=\sqrt{\left(a_{i-1,j}+1\right)^2+b_{i-1,j}^2}$$

$$d'_{i-1,j+1}=\sqrt{\left(a_{i-1,j+1}+1\right)^2+\left(b_{i-1,j+1}+1\right)^2}$$

$$d'_{i,j-1}=\sqrt{a_{i,j-1}^2+\left(b_{i,j-1}+1\right)^2}$$

$$d'_{\min}=\min\left(d'_{ij},d'_{i-1,j-1},d'_{i-1,j},d'_{i-1,j+1},d'_{i,j-1}\right) \tag{6-1}$$

然后刷新$a_{ij}$，$b_{ij}$：

$$a_{ij},b_{ij}=\begin{cases}a_{ij},b_{ij} & d'_{ij}=d'_{\min}\\ a_{i-1,j-1}+1,b_{i-1,j-1}+1 & d'_{i-1,j-1}=d'_{\min}\\ a_{i-1,j}+1,b_{i-1,j} & d'_{i-1,j}=d'_{\min}\\ a_{i-1,j+1}+1,b_{i-1,j+1}+1 & d'_{i-1,j+1}=d'_{\min}\\ a_{i,j-1},b_{i,j-1}+1 & d'_{i,j-1}=d'_{\min}\end{cases} \tag{6-2}$$

然后刷新$a_{ij}$，$b_{ij}$：

$$a_{ij},b_{ij}=\begin{cases}a_{ij},b_{ij} & d'_{ij}=d'_{\min}\\ a_{i+1,j+1}+1,b_{i+1,j+1}+1 & d'_{i+1,j+1}=d'_{\min}\\ a_{i+1,j}+1,b_{i+1,j} & d'_{i+1,j}=d'_{\min}\\ a_{i+1,j-1}+1,b_{i+1,j-1}+1 & d'_{i+1,j-1}=d'_{\min}\\ a_{i,j+1},b_{i,j+1}+1 & d'_{i,j+1}=d'_{\min}\end{cases} \tag{6-3}$$

③类似于②，按从下到上，从右到左的次序计算$d_{ij}$并刷新$a_{ij}$，$b_{ij}$的值。

对任一像元$P_{ij}$，计算其距离值，即

$$d_{ij}=\sqrt{\left(a_{ij}^2+b_{ij}^2\right)} \tag{6-4}$$

欧氏距离变换的精度受栅格尺寸的影响，可以通过减小栅格的尺寸而获得较高的精度。其计算速度也较快。实际上，在欧氏距离变换中可以用$d_{ij}^2$取代$d_{ij}$从而加快计算速度。

栅格方法原理简单，但精度较低，而且内存开销较大，难以实现大数据量的缓冲区分析。由于栅格方法计算简单，许多 GIS 软件首先将矢量数据转化为栅格数据，利用栅格方法建立缓冲区，然后再提取缓冲区边界为矢量数据。但这种矢量——栅格——矢量的多次转换不利于数据精度的保持。

### 6.3.3 矢量缓冲区的建立方法概述

矢量缓冲区常见的有角平分线法和叠置算法。角平分线法由三步组成，即逐个线段计算简单平行线、尖角光滑矫正和自相交处理。尖角光滑矫正除角平分线法之外，还可采取圆弧法，但矫正过程都很复杂，难以完备地实现。叠置方法分两步完成。首先求出点、线段等基本元素的缓冲区，然后通过对基本元素缓冲区的叠置运算，求复杂目标的缓冲区。下面简单介绍缓冲区建立的叠置算法。

前面提到，空间实体可分为点、线、面三类。在叠置方法中，线段的缓冲区被作为一

种基本的缓冲区，称为基元，它是两个半圆（在线段的两端）和一个矩形（线段中部）的并集，形如胶囊。它由两个半圆弧和连接两个半圆弧的两条平行线共同构成。半圆的直径与矩形的高度都等于缓冲区的宽度。而单点看作线段的特例（长度为0）。单点缓冲区的形状由胶囊状退化为圆形，是一个以该点为圆心的圆面，圆的直径等于缓冲区的宽度。

通过基元叠置方法，可以合并基元而构造出各种复杂的缓冲区，包括折线和面的缓冲区。

基元叠置方法包括两个基本步骤，首先是基元的生成，然后是基元的合并。

### 1. 基元的生成

基元的基本形状要素包括两个平行的线段和两个以线段端点为圆心的半圆弧。例如一线段 $AB$ 所对应的缓冲区，包括缓冲区矩形框 $abcd$ 和弧段 $bc$ 及弧段 $da$，假设圆半径是 $r$，$A$ 的坐标为 $(A.x, A.y)$，$B$ 的坐标为 $(B.x, B.y)$。$AB$ 的倾角为 $\arctan((B.y-A.y)/(B.x-A.x))$。$\Delta x=|BD|=r\sin\alpha$，$\Delta y=|Db|=r\cos\alpha$。基元矩形框顶点 $a$，$b$，$c$，$d$ 的坐标为

$$
\begin{aligned}
a.x &= A.x + r\sin\alpha,\quad a.y = A.y - r\cos\alpha \\
b.x &= B.x + r\sin\alpha,\quad b.y = B.y - r\cos\alpha \\
c.x &= B.x - r\sin\alpha,\quad b.y = B.y + r\cos\alpha \\
d.x &= A.x - r\sin\alpha,\quad d.y = A.x + r\cos\alpha
\end{aligned}
\tag{6-5}
$$

### 2. 基元叠置合并

方法是在交点处将基元边界元素分裂打断，再判断其是否落入其他基元内部，并删除落入基元内部的边界元素。基本运算包括求交运算，以及点在多边形内的判断。

求交运算是基元与其他基元进行比较求交，在交点处将基元边界元素分裂打断。可分为线段与线段的求交、圆弧段与线段的求交、圆弧段与圆弧段的求交，分别依据直线方程和圆方程来进行求交点运算。当交点落在直线段上或者圆弧段上时，在交点处将线段或圆弧段打断，分裂为多个段。应该指出，圆弧段通常由短小线段构成的折线逼近，这种情况下求交点的运算全部是直线与直线的交点。由于短小折线数量大，因此求交运算量很大。

基元边界元素各个段是否落在其他基元内的判断可以归结为点在多边形内与否的判断。由于基元由两个半圆和一个矩形组成，判断过程分两步。首先判断点是否在基元框架的两个半圆中，若点到圆心的距离大于圆的半径，则该点不在半圆内；若点不在半圆内，再判断点是否在基元框架的矩形框中。如果某点在矩形框中，则它与矩形的四个顶点的连线将矩形分割成4个三角形，其面积之和与矩形面积相等。因此，若4条连线及矩形的4条边构成的4个三角形的面积与矩形面积相等，则该点在矩形框内，否则在矩形框外。

# 6.4 网络分析

## 6.4.1 网络分析的方法

### 1. 贪心启发式和局部搜索（Greedy Heuristics and Local Search）

所谓的贪心启发式，涉及这样的一个过程，即每一个阶段，是其中一个局部最优的选择，可能会或可能不会导致一些问题的一个全局最优的解决方案。因此，贪心算法是局部搜索，或被称为LS算法。

假如在平面上有一组点，或角点$\{V\}$，希望产生一个边界网络$\{E\}$，每个点，通过网络，从其他每一个点，都可以被访问，且这个网络的总长度（欧氏）是最短的。贪心算法解决这个问题（也称为最小生成树问题（Minimum Spanning Tree，MST））的步骤是：

①以随机的方式，从$V$选择任意一点$\{x\}$作为起点，定义集合$V^*=\{x\}$和$E^*=\{\ \}$，即集合$V^*$使用从原始角点中随机选择的这个单点进行初始化，集合$E^*$按照一个空的边界集初始化。

②寻找是在集合$V$中的、不是在集合$V^*$中的但与集合$V^*$中对应的一个点$(u)$的最邻近点$(v)$，并添加到$V^*$，连接$v$和$u$的边界，添加到$E^*$。如果有两个或更多的点与$V^*$中的点是等距离的，则随机选择一个。这一步保证在每次迭代时，连接在$V^*$中的一个点和将要被加入$V^*$中的点之间的边界是最短的或成本最低的。

③重复前面的步骤，直到$V^*=V$，集合$E^*$就是MST。

这就是Prim算法，确切地说是全局最优算法。贪心算法有很多变体，如有的是解决赋权图的MST。

### 2. 交互启发式算法（Interchange Heuristics）

交互启发式算法是从一个问题的解决方案开始（典型的是一个组合优化问题），然后系统地用当前方案的成员交换初始方案的成员，当前方案的成员要么是根据当前方案的另外部分元素形成，要么是属于“还不是一组成员”形成的元素形成。有许多这类方法的例子，如自动分区算法（AZP）。

最知名的交互启发式算法是使用欧氏距离测度的旅行商问题（TSP）的$n$选择家庭应用的标准形式。这是一个简化的改进算法，适用于现有的对称之旅的所有位置。这个算法随机地从方案中简单取两个边界$(i,j)$和$(k,l)$，用$(i,k)$、$(j,l)$或$(i,l)$、$(j,k)$替换它们。对这个构想有几种改进方法，在性能上具有明显差别，其中包括检查修订的旅行线路不包含交叉。这永远不会是最短的配置。对一个交换候选列表来讲，唯一的交换选择是将产生最大效益的。3 选择交换与 2 选择交换基本是一样的，但一次要取 3 个边界。这可能更有效，而且对对称问题是基本的，但具有较高的计算代价。

在位置建模领域，一类常见的问题是确定潜在的设施位置，然后将客户分配到这些位置。我们的目标是将 $p$ 个设施为 $m$ 个客户提供服务的成本降到最低。有一系列算法来解决这个问题，其中在地理空间分析方面，最著名的方法之一是角点的替换算法。例如，给定一组设施的位置，系统评估其边际变化的处理方案是：

①对这个算法进行初始化设施配置，提供第一个“当前方案”。例如，从给定的一组 $n > p$ 的候选位置，随机选择 $p$ 个位置。

②不在当前方案中的第一个候选位置被在当前方案中的每个设施位置替换，基于这个新的设施配置，重新分配客户。目标函数幅度降低最大的，产生替换，如果有的话，选择一个交换。

③当所有的不在当前方案中的候选位置都已经被当前方案中的所有位置替换，迭代完成，然后重复这个过程。

当一个单迭代不会导致一个交换时，算法终止。优化方案算法终止的条件，交换启发式产生的设备配置，满足所有三个必要但不是充分的条件：所有的设施对要分配给它们的需求点是局部中位数（最小旅行成本或距离中心）；所有的需求点被分配到它们的最近的设施；从这个方案中去掉一个设施，用不在这个方案中的候选位置代替它。总是产生一个净增长，或目标函数的值没有变化。注意，这个方案一般来说不是全局优化，不一定是唯一的，也没有任何直接的方式确定哪个方案如何是最好的（即怎样才是接近最佳的方案）。

### 3. 元启发式算法（Meta-heuristics）

术语“元启发式”最初是由 Glover 开发的，现在被用来指超越局部搜索（LS）的方法，作为一种手段寻求全局最优启发式的概念发展，典型地用于模拟一个自然过程（物理的或生物的）。元启发式算法的例子包括塔布搜索、模拟退火、蚁群系统和基因算法。

这些算法与生物系统的类比，往往稍显脆弱，如取蚂蚁寻找食物或动物基因遗传有助于产生更健康的后代的想法，而不是细节。此外，许多应用技术用于静态问题，而运行在动态环境中的生物系统，具有内在稳定性和灵活性的次最佳行为通常比一时的最优行为更重要。在最短的时间内发现和吃掉所有的猎物，可能耗尽它们的数量，使它们不能再生产，也就不能提供更多的食物。这种观点不仅提供了这种基于类比方法的值得注意的警示，而且也是它们可以被证明是在动态系统中特别有用的最优化方案之一，如动态电子通信路径优化和实时交通管理领域。

**4. 塔布搜索（Tabu Search）**

塔布搜索是一种元启发式算法，目的是克服局部搜索（LS）陷入的局部最优问题（如贪心算法）。因此，它是对LS算法一般性目的的扩展算法，每当遇到一个局部最优时，其操作允许非改善移动。为了达到这个目的，通过在塔布列表（一种短期存储）中记录最近的搜索历史，确保未来的行动不搜索空间的这部分。

塔布搜索方法是由搜索空间定义的，是局部移动模式（邻域结构）以及使用搜索存储。其步骤如下：

①搜索空间$S$，是给定问题的所有方案的简单空间（或纯组合问题）。注意，它或许很大，或对一些问题，是无穷大（如这些可能包括要优化的离散和连续变量的混合）。搜索空间可能包括可行的和不可行的方案，以及在一些允许情况下，搜索空间扩展到不可行区域是必要的（如为松弛的约束检查可行方案）。

②邻域结构确定了一组移动，或转换，当前搜索空间$S$，受到单次迭代过程的影响。因此，邻域$N$，是搜索空间的子空间（很小）$N \subset S$。这种转换的一个简单例子是一组交互启发式，当前方案的一个或多个元素被来自当前方案的其他部分的一个或多个元素，或元素位于方案内容之外替换。

③搜索存储，特别是短期搜索存储，具有明显不同于其他大多数方法。一个典型的例子是当前移动列表的保留时间，其倒过来就是塔布搜索的迭代次数，称为塔布任期（Tabu Tenure）。对于网络路径问题，客户A刚好从路径1移动到路径2，短期内防止这种交换的逆转，是为了避免没有改善的循环。这种方法的风险是：有时这样的移动是有吸引力的和有效的，可以通过松弛严格的塔布得到改善。典型允许的松弛（使用“意愿标准”，Aspiration Criteria）允许塔布移动，如果它可以导致产生具有一个目标函数值的方案。则这个值是迄今为止已知的最佳改善值。

尽管有这些保护，无论是效率还是质量，塔布搜索仍然是低表面的。人们设计了多种技术改善这种表现，大多数设计是具体问题，包括从空间$N$中采样的概率选择，为了减少处理的开销而引入的随机性，和减少遭遇循环的风险；集约化，当前的解决方案（例如，整个路由或分配）的一些组件被固定，而其他元素被允许继续被修改；多样化，当前的解决方案的组件，已经出现频繁或连续迭代过程开始以来有系统地从方案中除去，以使未使用的或很少使用的组件产生一个整体改善的机会；代理目标函数，也可以提高方案的性能（虽然不是直接的质量），通过减少开销，即有时改变目标函数的当前计算值。如果代理函数与目标函数是高度相关的，则计算会非常简单，可以是许多操作在给定的时间周期进行，因此扩大了方案检查的范围；这种杂交的技术逐渐发展为一种实践，与塔布搜索类似的另外一种方法是基因算法。

### 5. 交叉熵方法（Cross Entropy，CE）

CE 方法是一个迭代方法，可以应用于广泛的问题，包括最短路径和旅行商问题。其步骤包括：

①按照定义的随机机制（如蒙特卡洛过程），产生一个随机数据（轨迹、向量等）的样本。

②在这个数据基础上，更新随机机制的参数，为了产生下一次迭代“更好”的样本。

更新机制使用交叉熵统计的离散版本。在基本形式方面，这个统计是比较两个概率分布，或一个概率分布和一个参考分布。

### 6. 模拟退火算法（Simulated Annealing）

模拟退火算法是由 Kirkpatrick 开发的元启发式方法。其名称和方法的由来是当玻璃或金属被系统加热和重新加热以及然后允许持续冷却后所表现出的行为。其目的与其他的元启发式一样，是获得给定问题的全局最优的一个最接近的方案。

模拟退火算法可以看作自由行走在这个方案空间 $S$ 的托管形式，邻域空间的探索通过求助于退火的行为确定，这反过来关系到这个过程经过一段时间的温度。方法如下：

①定义问题的初始配置，如一个随机方案 $S_0^*$、关于这个方案的一个初始温度变量 $T$，以及评价成本 $C_0^*$（如总长度或旅行时间）。

②扰动 $S_0^*$ 到一个新的邻近状态 $S_1^*$，如根据一些随机坐标的步长，移动一个潜在的设施的位置，或通过交换过程。计算这个新状态的成本 $C_1^*$ 并减去 $C_0^*$，得到成本差 $\Delta C$。

③如果 $\Delta C<0$，则新配置具有较低的总体成本，选择新配置作为当前首选的配置。然而，如果成本较高，根据都市准则（Metropolis Criterion），仍然保留新配置的选项：

$$p=\mathrm{e}^{-\Delta CIT}$$

如果 $p<u$，则 $u$ 是在 [0，1] 范围内的均匀随机数。如果使用这个准则，则温度变量 $T$，按照一个因子 $\alpha$ 降低（如 $\alpha=0.9$），并从前一个步长迭代开始，直到达到一些停止的准则为止（如迭代次数，目标函数提高的绝对或相对值）。

从温度参数控制的意义讲，这种搜索空间的方式是遍历的，从较大的步长开始，然后，降低温度（退火进度），用越来越小的步长，直到 $T=0$，或达到另外的停止准则。

模拟退火算法是一种相对较慢的技术，因此，针对具体问题进行修改，模型的统计分析行为的结果会得到明显的改善。然而，这样的改变可能会去掉最终全局最优的保证。模拟退火算法显著的优点包括简单的基本算法，处理过程的低存储开销，适用优化的问题范围广（地理空间的或其他的）。在地理空间领域，该算法成功应用于各种问题，如设施位置优化和旅行商问题。

### 7. 拉格朗日乘数和松弛（Lagrangian Multipliers and Relaxation）

拉格朗日松弛是在经典优化问题方面拉格朗日乘数应用的泛化。因此，在讨论这个方法之前，先介绍松弛的概念。

将所谓的“经典约束优化问题”应用于实值连续可微函数（称为$C_1$类函数）$f(\ )$，$g(\ )$的形式为：

Maximise $z$ where

$z=f(x_1,x_2,x_3,\cdots)$，subject to

$$g_i(x_1,x_2,x_3,\cdots)，d_i，i=1,2,3,\cdots \quad (6\text{-}6)$$

或使用矢量概念：

Maximise $z$ where

$z=f(x)$，subject to

$$g_i(x)=d_i，d_i，i=1,2,3,\cdots \quad (6\text{-}7)$$

其中，$z$表达式称为目标函数，$g_i(\ )$是约束条件，$x_i$是变量，$d_i$是常数。在这里，约束条件表现为平等的（包括不平等的），这是常见的，可以按照各种方式处理，包括使用替代变量。

这类问题可以使用拉格朗日乘数转换为非约束优化问题。这种处理可以简化寻找局部或全局最大值或最小值的工作。以上面例子为例，所有的约束条件可以转换为目标函数，形式是：

Maximise $z$ where

$$z=f(x)+\sum_i \lambda_i\left[d_i-g_i(x)\right] \quad (6\text{-}8)$$

其中，$\lambda_i$是拉格朗日乘数。然后，解决约束问题就转换为计算最大值或最小值之一的一个单一表达式，而这又需要确定引进的乘数。这可以通过寻找修改后的目标函数的差分获得，使用对应的每个$x_i$和同等的到0的结果的差分。虽然对拉格朗日乘数值的解释不是这个过程中的一个重要部分，但在大多数情况下，它们可以被解释为$i^{\text{th}}$个约束的重要性测度。

拉格朗日松弛是上述过程的泛化应用，其思想是通过修改目标函数，松弛约束条件。松弛问题则可以被解决（如果可能），且这可以提供一个对原问题的一组可能的方案的低的（或高的）边界范围。所得到的更小的解决方案空间则可能被用于更系统的搜索或企图可能缩小下限和上限的范围，直到它们满足要求。

例如，假设我们试图最大化的简单的线性表达是：

Maximise $z$ where

$z=\sum_j a_j x_j$ ，subject to

$g_1{:}\sum_j b_{1j}x_j \leqslant d_1$ ，and

$$g_2{:}\sum_j b_{2j}x_j \leqslant d_2 \tag{6-9}$$

附加条件可能是所有的 $x_j$ ，都必须大于或等于 0，以及对于具有离散的方案的问题，方案的值必须是整数。

我们可以松弛这个问题，同时仍然保留目标函数的线性形式，将约束条件移入目标函数，同时降低其不平等性，如：

$$z=\sum_j a_j x_j+\sum_i \lambda_i\left(d_i-\sum_j b_{ij}x_j\right) \tag{6-10}$$

如果所有的 $\lambda_i=0$ ，则目标函数的第二项将消失，这样约束就不是方案的一部分。但如果任何的 $\lambda_i>0$ ，我们试图优化的目标函数的值，当我们解除约束时，会变化（增加或减少）。通过调整对原问题的松弛的度，正矢量 $\lambda$ （拉格朗日乘数）按系统方式改变，或替换搜索方法，减小方案空间，可以获得对原问题的更接近的近似方案。

**8. 蚁群系统和蚁群优化**（Ant Systems and Ant Colony Optimization，AS ACO）

蚁群系统来自蚂蚁寻找食物行为的灵感。人们已经观察到，蚂蚁在探索周围环境时，在足迹上使用信息素。成功的足迹（如这些用于引导食物来源）会迫使越来越多的蚂蚁使用它们（学习或集体记忆的一种形式）。早期这种行为模型用于解决困难的组合问题，如 TSP。原始的组合问题模型，如蚁群系统（AS），对小型的 TSP 实例工作良好，但不适合较大的实例。这鼓励人们开发更复杂的模型，特别是基于 AS 的思量和有效的局部搜索策略（LS）。

设 $m$ 是蚂蚁的数量，$n$ 是城市数量（$m \leqslant n$），$t$ 是计算的迭代计数，$d_{ij}$ 是城市之间的距离测度，并定义问题参数 $\alpha$ 、$\beta$ 。对连接城市 $i$ 和 $j$ ，的弧段 $(i,j)$ 定义初始信息素值 $T_{ij}$ 。

①将每个蚂蚁放置在一个随机选择的城市。

②按照以下方式为每个蚂蚁构造城市的旅行路线：在当前，在城市$i$的一只蚂蚁访问一个未访问城市$j$，以从城市$i$和$j$之间距离这个弧段的长度作为当前信息素轨迹长度定义的概率确定。

③优化改善使用局部搜索启发式方法产生的每只蚂蚁的独立路径。

④对每只蚂蚁重复这个过程，完成后，更新信息素轨迹值。

概率函数定义，当前在城市的蚂蚁$k$，迭代次数是$t$，标准概率函数（蚂蚁现在应当访问城市$j$吗？）形式是：

$$p_{ij}^{k}(t)=\frac{\left[\tau_{ij}(t)\right]^{\alpha}\left(\eta_{ij}\right)^{\beta}}{\sum_{t\in N}\left[\tau_{it}(t)\right]^{\alpha}\left(\eta_{ij}\right)^{\beta}}，\ \eta_{ij}=\frac{1}{d_{ij}} \tag{6-11}$$

其中，集合$N$是这只蚂蚁的有效邻域，即还没有访问的城市，概率函数由两部分构成：第一部分是信息素轨迹的长度，第二部分是距离衰减因子。如果$\alpha=0$，则这个信息素部分没有影响，概率分配按照哪个城市最近进行，即基本的贪心算法；但如果$\beta=0$，则分配简单地根据信息素轨迹的长度进行，已经发现这会导致方案停留在次优路径。

理论上，更新信息素轨迹，信息素轨迹能够被连续更新，或在一只蚂蚁完成旅行之后更新。但实际发现，在所有蚂蚁完成一次迭代后更新信息素轨迹更有效。更新包括两个部分：第一部分，用一个常数因子$\rho$，减小所有的轨迹值（模拟一个蒸发的过程）；第二部分，基于$k^{\text{th}}$只蚂蚁的路径长度，对所有的蚂蚁，添加一个增量，$L^{k}(t)$：

$$\tau_{ij}(t+1)=(1-\rho)\tau_{ij}(t)+\sum_{k=1}^{m}\Delta\tau_{ij}^{k}(t),$$

$$0<\rho\leqslant 1,$$

$$\Delta\tau_{ij}^{k}(t)=0 \tag{6-12}$$

首先，更新要保证连接的弧段不能变成过饱和的信息素轨迹。其次，蚂蚁访问过的弧段是信息素增加最快的弧段的最短弧段，对于重新执行或学习过程。通过一些小的改进，可以提高方案的质量，如限制信息素轨迹的最小值和最大值，用这个范围的上限进行初始化；只允许更新最佳表现的蚂蚁的轨迹值，而不是所有蚂蚁的。

## 6.4.2 主要的网络分析应用

### 1. 最短路径分析

设$G$是一个有向图的网络，对于它的每条边或每一对顶点$(v_i,v_j)$都可以对应一个数$M(v_i,v_j)$。在实际应用过程中，对于$M(v_i,v_j)$的取值是这样规定的：

①如果边以$v_i$为起点，$v_j$为终点，则取这个边的长度；

②如果顶点$v_i$、$v_j$不是以某一条边为起点和终点，那么取值为$+\infty$；

③如果$v_i=v_j$，取值为 0。

显然，$M(v_i,v_j)$是一个非负数。下面将介绍相关算法，以找出位于两点间的最短路径和长度。

到目前为止，迪克斯查（E.W.Dijkstra）提出的标号法是解决最短路径问题最好的方法。这个方法的突出优点是：它不仅求出了起点到终点的最短路径及其长度，而且求出了起点到图中其他各顶点的最短路径和长度。

设$G$是一个有向图，并且每一对顶点$(v_i,v_j)$都已赋值$M(v_i,v_j)$，在$G$中指定两个顶点，即起点$V_1$，终点$V_n$，现需找出以$V_1$为起点，$V_n$为终点的有向路径和长度。

标号法的整个过程是若干次循环，在每一个循环过程中，将求出$V_1$到某一顶点$V_j$的最短有向路径以及其长度$M(j)$。这时，就把$M(j)$作为$V_j$的标号。从这里可以看出，所谓$V_j$点的标号$M(j)$就是起点到$V_j$的最短有向路径的长度。

下面详细介绍算法的步骤：

开始，给起点$V_1$以标号$M(1)=0$，然后就可以作循环了，每次循环可以分为若干步：

①设$V_1$为一已标号顶点，求出所有$M(V_1,V_j)$，其中$V_j$是未标号点，如果未标号点已没有，计算结束；

②计算$M(J)=\min\left[M(J),M(i)+M(V_1,V_j)\right]$，$V_i$是已标号点或起点，$V_j$是未标号点；

③计算出$\min\limits_{i,j}\left[M(J)\right]=M(j_0)$，其中$V_i$已经标号，$V_j$未标号，给$V_j$以标号$M(j_0)=M(J)$，返回第一步。

在交通运输的时间问题中，往往需要求出一个网络图中的任意两个顶点间最短路径的长度。例如，通过 GIS 查询北京动物园到圆明园的最短路径。

### 2. 服务点的最优区位问题

在城市管理中，利用 GIS 技术确定服务点的最优区位问题十分重要，如确定幼儿园、商场、消防队、医院、交通场站等的最优位置，以达到服务、资源的最优配置。

最优服务点的最优区位问题有两种算法供选择。现分别论述如下：

设$G$是一个有$n$个顶点：$V=\{v_1,v_2,\cdots,v_n\}$，$m$条边：

$E=\{e_1,e_2,\cdots,e_m\}$的无向连通图，那么对于每一个顶点$v_i$，它与各顶点间的最短路径的长度为

$$d_{i1},d_{i2},\cdots,d_{in} \tag{6-13}$$

上式的最大数称为顶点$v_i$的最大服务距离，用$e(v_i)$表示。为了得到服务点的最优区位，需要解决如下问题：求出一个点$v_{i0}$使得$e(v_{i0})$具有最小的值。这样处理数据的含义是很明显的。因为在图上找出这个点$v_{i0}$后，把服务点设在这个位置上，对于分散在各个顶点上的服务对象来说，最远的服务对象与服务点之间的距离达到了最小。这个点称为图$G$的中心。这对于医院、消防队一类服务点的布置是有实际意义的。

下面举一例，以说明数据处理的步骤并计算$G$的中心。

首先计算出$G$的距离表：

$$\begin{bmatrix} 0 & 3 & 6 & 3 & 6 & 4 \\ 3 & 0 & 3 & 4 & 5 & 7 \\ 6 & 3 & 0 & 3 & 2 & 4 \\ 3 & 4 & 3 & 0 & 5 & 7 \\ 6 & 5 & 2 & 5 & 0 & 2 \\ 4 & 7 & 4 & 7 & 2 & 0 \end{bmatrix}$$

其次，计算每一行的最大值，得

$$\begin{aligned} &e(v_1)=6,e(v_2)=7,e(v_3)=6, \\ &e(v_4)=7,e(v_5)=6,e(v_6)=7, \end{aligned} \tag{6-14}$$

最后求$\min\limits_{1\leqslant i\leqslant 6}\left[e(v_i)\right]=6$，定出$v_1$，$v_3$，$v_5$均是$G$的中心。

设$G$是一个有$n$个顶点：$V=\{v_1,v_2,\cdots,v_n\}$，$m$条边：$E=\{e_1,e_2,\cdots,e_m\}$的无向连通图，那么对于每一个顶点$v_i$，它与各顶点间的最短路径的长度为

$$d_{i1},d_{i2},\cdots,d_{in} \tag{6-15}$$

并设每个顶点有一个正负荷$a(v_i)$，$i=1,2,\cdots,n$。先求出一个顶点$v_i$，使得，

$$S(v_i)=\sum_{j=1}^{n}a(v_j)d_{i,j} \tag{6-16}$$

为最小，此点被认为是$G$点的中央点。

在交通运输中，在保持总运量要求最小的情况下，站场区位问题可以归结为上述中央

点的计算问题。

### 3. 最小生成树

生成树是图的极小连通子图。一个连通的赋权图 $G$ 可能有很多的生成树。设 $T$ 为图 $G$ 的一个生成树，若把 $T$ 中各边的权数相加，则这个和数称为生成树 $T$ 的权数。在 $G$ 的所有生成树中，权数最小的生成树称为 $G$ 的最小生成树。

在实际应用中，常有类似在 $n$ 个城市间建立通信线路这样的问题。这可用图来表示，图的顶点表示城市，边表示两城市间的线路，边上所赋的权值表示代价。对 $n$ 个顶点的图可以建立许多生成树，每一棵树可以是一个通信网。若要使通信网的造价最低，就需要构造图的最小生成树。

构造最小生成树的依据有两条：

①在网中选择 $n-1$ 条边连接网的 $n$ 个顶点；

②尽可能选取权值为最小的边。

下面介绍构造最小生成树的克罗斯克尔（Kruskal）算法。该算法是 1956 年提出的，俗称“避圈”法。设图 $G$ 是由 $m$ 个节点构成的连通赋权图，则构造最小生成树的步骤如下：

①先把图 $G$ 中的各边按权数从小到大重新排列，并取权数最小的一条边为 $T$ 中的边。

②在剩下的边中，按顺序取下一条边。若该边与 $T$ 中已有的边构成回路，则舍去该边，否则选进 $T$ 中。

③重复②，直到有 $m-1$ 条边被选进 $T$ 中，这 $m-1$ 条边就是 $G$ 的最小生成树。

### 4. Gabriel 网络

Gabriel 网络是最小生成树（Minimal Spanning Tree，MST）的一种子集形式，具有多种用途。关于一组点数据集的 Gabriel 网络，是通过在元数据集中添加对点之间的边界创建的，如果没有该组的其他点包含在直径通过两个点的圆内。

Gabriel 网络提供了比 MST 包含更多链接的一种网络形式，因而能提供更高的附近点但实际不是最邻近点之间的连通性。著名的是种群基因研究（人或其他）已经被用于各种应用。依据这种连接性，边界权重测度，构建空间权重矩阵，用于自相关分析。可以按照 MST 的方法，产生 Gabriel 网络子集：

①构建 Gabriel 网络的初始子集，使用的附加条件是没有其他的点位于放置在每个 Gabriel 网络节点上的，半径等于这两个分离的点之间的半径定义的圆的交叉区域。其结果称为相对邻域网络。

②在相对领域网络中移除最长但不破坏整体的网络连接性的链。

③重复步骤②，直到在总长度上不再减少为止，箭头标识的线是唯一要移除的边界。

上述方法尽管描述得不详细，但完全可以按照 MST 方法产生。Gabriel 网络只是 MST 的子集，需要进行缩减工作，直到满足 MST 的定义。其方法的变体是 k-MST，在一个 MST 寻求一个给定的子集，$K \leqslant n$ 个顶点，其余顶点要么通过连接现有的边界集，要么不连接。

## 6.5 空间插值

### 6.5.1 空间插值的概念

在现实生活中，由于观测站点分布或者观测点位置原因，不可能得到任何空间地点的数据，但是这些点周围区域内点的数据容易观测得到。这时可以利用插值的方法，由那些已知点的数据来估算未知点的数据，以方便我们掌握整个区域内的某个属性变量的整个空间分布情况，这种方法就是空间插值过程。

空间插值是指通过探寻收集到的样本点数据的规律，外推到整个研究区域为面数据的方法，即根据已知区域的数据来估算其他区域的数值。空间插值方法的实质是通过已知点数据来预测未知点数据，其依据的是空间点群之间的相关性，同时在方法上要运用到数学模型和误差目标函数。空间插值的结果是通过估算其他地点的数值，从而将点数据转换为面数据，以便面数据能够用三维表面或等值线地图显示，最终进行空间分析和建模。

空间插值法的一般步骤：首先，获取空间样本点数据；其次，分析空间样本数据的分布特性、统计特性和空间相关性等特征；再次，由对数据了解的相关信息，选择最适宜的插值方法；最后，对插值结果进行分析说明。

### 6.5.2 空间插值的元素和分类

#### 1. 空间插值的元素

已知点又称控制点，是已经知道其数据的样本点。已知点是现实存在的点，如气象站点。空间数据插值方法的基本原理是基于空间相关性的基础上进行的，即空间位置上越靠近，则事物或现象就越相似，空间位置越远，则事物或现象越相异或者越不相关。

#### 2. 空间插值的类型

按照估算的控制点数目的不同，空间插值主要分为两种类型：全局插值法和局部插值法。两者主要是以估算的控制点的数目进行区分。全局插值法是利用所有已知点来估算未知点的值。局部插值法则是用未知点周围已知的样本点来估算未知点的值。全局插值法用于估算表面的总趋势，而局部插值法用于估算局部或短程变化。在许多情况下，局部插值法比全局插值法更有效，因为在对未知点进行估算，远处的点对估算的影响很小，有时甚至会使估算值失算。从计算量上看，局部插值法要比全局插值法容易得多。在实际应用中，对于以上两种方法如何进行选择，并没有统一的规律可循。如果观测点主要受到周围点的影响，则可以选择局部插值法。全局插值法主要包括趋势面插值法和回归模型分析法；局部插值法主要包括反距离加权法、薄片样条函数插值法以及克里金插值法。

按照是否提供预测值的误差检验，空间插值法可分为确定性插值法和随机性插值法。确定性插值法是不提供预测值的误差检验，随机性插值法则考虑提供预测值的误差检验。空间插值法还可分为精确插值法和非精确插值法。精确插值法是对某个已知点的估算值与该点已知值相同。非精确插值法，又叫近似插值，估算的点值与已知点不同。

## 6.6　空间统计分类分析

空间数据不是孤立存在的，而是彼此相关并存在许多内在联系的，为了找出空间数据之间的主要特征和关系，需要对空间数据进行分类和评价，即进行空间统计分析（Spatial Statistics Analysis）。数据分类是 GIS 的重要组成部分。一般而言，GIS 存储的数据都是具有原始性质的数据，而地图数据一般是经过分类和处理后的数据。通常，用户可以根据不同的使用目的，选择 GIS 中存储的数据，任意提取和分析，获得所需信息。GIS 中空间数据的统计分析，主要是指对 GIS 地理数据库中的属性数据进行统计分析，以完成对地物的分类和综合评价。

空间统计分析的基本方法和一般多变量统计分析类似，不同之处在于在空间分析中每个样本点具有地理位置特征（地理坐标或体现地理分布的其他坐标等），并且统计分析的结果可以进行可视化表达。

### 6.6.1　统计图表分析

对于非空间数据特别是属性数据，统计图是将这些信息很好地传递给用户的方法。采用统计图表示的这些信息能被用户直观地观察和理解。统计图的主要类型有柱状图、扇形图、散点图、折现图和直方图等。

柱状图用水平或垂直长方形表示不同种类间某一属性的差异，每个长方形表示一个种类，其长度表示这个种类的属性数值。扇形图将圆划分为若干个扇形，表示各种成分在总体中的比重，各种成分的比重可以用扇形的面积或者弧长来表示，当有很多种成分或成分比重差异悬殊时表示的效果不好。散点图以两个属性作为坐标系的轴，将与这两种属性相关的现象标在图上，表示出两种属性间的相互关系，在此基础上可以分析这两种属性是否相关和相关关系的种类。折线图反映某一属性随时间变化的过程，它以时间性为图形的一个坐标轴，以属性为另一个坐标轴，将各个时间的属性数值标到图上并将这些点按时间顺序连接起来，折线图反映了发展的动态过程和趋势。直方图表示单一属性在各种类中的分布情况，读者可以确定属性在不同区间的分布，如某种现象的分布是否是正态分布。

统计表格是详尽表示非空间数据的方法，它不直观，但可提供详细数据，可对数据再处理。统计表格分为表头和表体两部分，除直接数据外有时还有汇总、比重等派生项。

### 6.6.2 空间变量筛选分析

空间变量筛选分析也称为变量分级（Ordination），是空间统计分析的一项重要预处理工作。现代数据收集系统的不断改进，对样本点的原始数据收集急剧膨胀，在一个取样点上往往可以获得几十种原始变量。如果对这些获取的原始变量不加分析而同时采用多个同类因子，就难免会夸大同类因素的贡献，这就是“信息冗余”。空间变量筛选分析的任务就是尽可能减少信息冗余。筛选的方法很多，如主成分分析法、关键变量分析法等。

#### 1. 主成分分析法

主成分分析法(Principal Component Analysis)是一种数学方法，以取样点为坐标轴，以变量为矢量，基于变量间的协方差矩阵来研究变量之间的相关性及亲疏度。具体来讲，主成分分析法的分析过程如下。

第一步，根据变量间的协方差矩阵，构建（线性）特征方程；

第二步，求解特征方程的特征根，进一步推求特征向量；

第三步，以特征向量组成相应的矩阵，并将其作为转换矩阵，将原有的$n$个空间变量转换为另外$n$个新空间变量。

经过以上步骤和操作，所有新变量之间的协方差全部为零，没有冗余存在；同时，新空间变量的方差总和与原空间变量的方差总和相等，保证了信息总量不变，但主要方差集中在少数几个新变量上。

这样，新变量方差从大到小构成了$n$个主成分，将众多要素的信息压缩，表达为若干具有代表性的合成变量，进一步的空间统计分析可只取方差最大的几个新变量来进行，从而克服了变量选择的冗余。值得注意的是，主成分分析法并不能保证理想的实践效果。

很显然，主成分分析这一数据分析技术是把数据减少到易于管理的程度，也是将复杂数据变成简单类别，便于存储和管理的有力工具。

### 2. 关键变量分析法

关键变量分析法是利用变量之间的相关矩阵，通过由用户确定的阈值，从数据库变量全集中选择一定数量的关键独立变量，以消除其他冗余的变量。

## 6.6.3　变量聚类分析

变量聚类分析是分类数据处理中用得最多的一种方法，可以根据多种地学要素对地理实体进行类别划分，对不同的要素划分类别往往反映不同目标的等级序列，如土地分等定级、水土流失强度分级等。

聚类分析的基本思想是：首先对 $n$ 个样本按照在其性质上的亲疏远近的程度进行分类，然后规定类与类之间的距离，选择距离最小的两类合并成一个新类，计算新类与其他类的距离，再将距离最小的两类进行合并，这样每次减少一类，直到达到所需的分类数或所有的样本都归为一类为止。进行类别合并的准则是使得类间差异最大，而类内差异最小。

聚类分析将多个空间变量看作多维向量空间，用数据点在变量空间的距离来衡量个体之间的相似性程度，点与点之间用某种法则规定距离，距离近的点归结为一类。距离是事物之间差异性的测度，差异性越大，则相似性越小，所以距离是系统聚类分析的依据和基础。选择不同的距离，聚类结果会有所差异。在地理分区和分类研究中，往往采用几种距离进行计算、对比，选择一种较为合适的距离进行聚类。距离可以采用以下的计算方式来计算。

①绝对距离：

$$d_{ij}=\sum_{i=1}^{n}\left|x_{ik}-x_{jk}\right|\left(i,j=1,2,\cdots,m\right) \tag{6-17}$$

②欧几里得距离：

$$d_{ij}=\sqrt{\sum_{k=1}^{n}\left(x_{ik}-x_{jk}\right)^{2}}\left(i,j=1,2,\cdots,m\right) \tag{6-18}$$

③明可夫斯基距离：

$$d_{ij}=\left[\sum_{k=1}^{n}\left|x_{ik}-x_{jk}\right|^{p}\right]^{\frac{1}{p}}\left(i,j=1,2,\cdots,m\right) \tag{6-19}$$

④切比雪夫距离：

当明可夫斯基距离 $p\rightarrow\infty$ 时，有

$$d_{ij}=\max_{k}\left|x_{ik}-x_{jk}\right|\left(i,j=1,2,\cdots,m\right) \tag{6-20}$$

而类与类之间的距离有许多种定义方法，本书以最短距离法为例说明。在最短距离法中，定义两类之间的距离用两类间最近样本的距离来表示，也就是在原来的 $m\times m$ 距离矩阵的非对角元素中找出，把分类对象 $G_p$ 和 $G_q$ 归并为新类 $G_r$，然后按计算公式：

$$d_{rk} = \min_k \left| d_{pk}, d_{qk} \right| \left( k \neq p, q \right) \tag{6-21}$$

计算原来各类与新类之间的距离，这样就得到一个新的（$m$ -1）阶的距离矩阵；接着从新的距离矩阵中选出最小者 $d_{ij}$，把 $\mathrm{G}_i$ 和 $\mathrm{G}_j$ 归并成新类；计算各类与新类的距离，重复类的归并过程，直至各分类对象被归为一类为止。

## 6.7　数字地形模型及地形分析

数字地形模型（Digital Terrain Model，DTM）最初是为了高速公路的自动设计提出来的。此后，它被用于各种线路选线（铁路、公路、输电线）的设计以及各种工程的面积、体积、坡度计算，任意两点间的通视判断及任意断面图绘制。在测绘中被用于绘制等高线、坡度坡向图、立体透视图，制作正射影像图以及地图的修测。在遥感应用中可作为分类的辅助数据。它还是地理信息系统的基础数据，可用于土地利用现状的分析、合理规划及洪水险情预报等。在军事上可用于导航及导弹制导、作战电子沙盘等。对 DTM 的研究包括 DTM 的精度问题、地形分类、数据采集、DTM 的粗差探测、质量控制、数据压缩、DTM 应用以及不规则三角网 DTM 的建立与应用等。

数字高程模型有多种形式，包括规则格网、不规则三角网、等高线模型和混合 DEM，与传统测绘数据相比，在复杂的地理空间分析中，DEM 具有无可比拟的优越性，它以数字形式存储，便于在计算机里进行查询、分析、管理等多种操作，加快了测绘行业智能化的进程。“随着我国现代化水平的不断提高，DEM 还将用于交通国防、资源管理以及灾害防治等各方面。”①

### 6.7.1　基于 DEM 的可视化分析

#### 1. 剖面分析

如果在地形剖面上叠加上其他地理变量，例如坡度、土壤、植被、土地利用现状等，可以提供土地利用规划、工程选线和选址等决策依据。

坡度图的绘制应在格网 DEM 或三角网 DEM 上进行。已知两点的坐标 $A(x_1, y_1)$，$B(x_2, y_2)$，则可求出两点连线与格网或三角网的交点，以及各交点之间的距离。然后按选定的垂直比例尺和水平比例尺，按距离和高程绘出剖面图。

在绘制剖面图时，须进行高程的插值。对于起始点和终止点 $A$ 和 $B$ 的高程，格网 DEM

① 柳林，李德仁，李万武，等．从地球空间信息学的角度对智慧地球的若干思考[J]．武汉大学学报（信息科学版），2012，37（10）：1248-1251.

可通过其周围的 4 个格网点内插出；三角网 DEM 可通过该点所在的三角形的三个顶点进行内插。内插的方法可任选，例如，可选择距离加权法，则内插点的高程为

$$Z = \frac{\sum_{i-1}^{n}\left(Z_i/d_i^2\right)}{\sum_{i-1}^{n}\left(1/d_i^2\right)} \tag{6-22}$$

其中，对格网 DEM，取 $n=4$；对三角网 DEM，取 $n=3$；$Z_i$ 为数据点的高程；$d_i$ 为数据点到内插点的距离。

在格网或三角网交点的高程，通常可采用简单的线性内插算出。

剖面图不一定必须沿直线绘制，也可沿一条曲线绘制，但其绘制方法仍然是相同的。

#### 2. 通视分析

绘制通视图的基本思路是：以 $O$ 为观察点，对格网 DEM 或三角网 DEM 上的每个点判断通视与否，通视赋值为 1，不通视赋值为 0。由此可形成属性值为 0 和 1 的格网或三角网。对此以 0.5 为值追踪等值线，即得到以 $O$ 为观察点的通视图。由此，判断格网或三角网上的某一点是否通视成为关键。

### 6.7.2　地形分析

#### 1. 坡度和坡向分析

坡度、坡向是地形分析中最常用的参数。其中，坡度是指某点在曲面上的法线方向与垂直方向的夹角，是地面特定点高度变化比率的度量。坡向则是法线的正方向在平面上的投影与正北方向的夹角，也就是法方向水平投影向量的方位角，其取值范围从 0°（正北方向）顺时针到 360°（重新回到正北方向）。总体来说，坡度反映了斜坡的倾斜程度，坡向反映了斜坡所面对的方向。

坡度是地形描述中常用的参数，是一个具有方向与大小的矢量。作为地形的一个特征信息，除了能间接表示地形的起伏形态以外，在交通、规划以及各类工程中有很多用途，如农业土地开发中，坡度大于 25° 的土地一般被认为是不宜开发的；如果打算在山上建造一座房子，必须找比较平坦的地方；而如果建的是滑雪娱乐场，则要选择有不同坡度的区域。

坡向在植被分析、环境评价等领域具有重要意义。例如，生物学家、地理学家和生态

学家知道，生长在朝向北的斜坡上和生长在朝向南的斜坡上的植物一般有明显的差别，这种差别的主要原因在于绿色植物需要得到充分的阳光。建立风力发电站进行选址时，需要考虑把它们建在面向风的斜坡上。地质学家经常需要了解断层的主要坡向或者褶皱露头，分析地质变化的过程。植物栽培者也常把果树栽到山坡朝阳的一面以获得最大的光照量。

高程、坡度和坡向反映了局部地形表面的基本特征，但在地表物质运动和曲面形态刻画方面，仅这几个参数还不够，需要引入曲率参数。地形表面曲率是局部地形曲面在各个截面方向上的形状、凹凸变化的反映，反映了局部地形结构和形态，在地表过程模拟、水文、土壤等领域有着重要的应用价值和意义。最大曲率和最小曲率常用来识别山脊和山谷，而高斯曲率由于具有曲线长度的不变性（曲面不褶皱或伸展），而在地质和制图学领域广为应用，非球状曲率则定量地刻画了曲面和球体的接近程度。最大曲率、最小曲率、平均曲率等从整体上表达了地形的结构形态，但为了研究地表物质的运动方式，还需要引入等高线曲率以及剖面曲率。

所谓剖面曲率就是通过地面点 $P$ 的法矢量且与该点坡度平行的法截面与地形曲面相交的曲线在该点的曲率，剖面曲率描述地形坡度的变化，影响着地表物质运动的加速和减速、沉积和流动状态；等高线曲率是通过该点的等值面（水平面）与地表交线的曲率（或者说，就是通过该点的等高线的曲率），等高线曲率表达了地表物质运动的汇合和发展模式。

### 2. 水文分析

由DEM生成集水流域和水流网络数据，是地表水文分析的重要手段。地表水文分析模型用于研究与地表水流有关的各种自然现象，如洪水水位及泛滥情况，划定受污染源影响的地区，以及预测改变某一地区的地貌将对整个地区造成的后果等。

### 3. 流域分析

地形特征线如山脊线和沟谷线等构成了地形曲面的骨架，基于这一地形骨架，可以利用地形曲面的线状特征去推断其面状特征，流域分析就是这一原理的典型应用。

流域的基本内容包括流域的定义、流域结构模式的描述、流域沟谷级别的确定和流域描述参数等。

（1）流域的定义

降水汇集在地面低洼处，在重力作用下经常或周期性地沿流水本身所造成的槽形谷地流动，形成所谓的河流。河流沿途接纳很多支流，水量不断增加。干流和支流共同组成水系。每一条河流或每一个水系都从一部分陆地面积上获得补给，这部分陆地面积就是河流或水系的流域，也就是河流或水系在地面的集水区。把两个相邻集水区之间的最高点连接成的不规则曲线，就是两条河流或水系的分水线。因此，流域也可以说是河流分水线以内的地表范围。

流域有不同的空间尺度，它可以是覆盖整个河流网络的区域，如常说的长江流域、黄河流域等，也可以是河流分支（支流）的集水区域，这时称为子流域。流域由相互连接在一起的子流域构成。将一个流域划分成子流域的过程称为流域分割。

任何一个流域都有一个流出点，该点一般称为流域的出口点（Outlet），它一般是流域边界的最低点，也可由手工指定。

流域是重要的水文单元，常应用在城市和区域规划、农业、森林管理等应用领域中。流域可以从等高线地形图上获取，也可以从DEM上自动生成。在等高线地形图上确定流域，通常分两步完成。第一步：确定流域出口点，一般根据需要确定，如水库坝址、桥涵位置等；第二步：从流域出口点沿与等高线垂直的山脊线方向顺次画线，形成汇水区域。

在DEM上进行流域分析实际上是对手工方式的模拟。近年来随着GIS技术以及数字水文学的发展，流域地形、分水线、河网、子流域的表达及集水面积的计算完全能用数字化技术实现，从而改变了传统的手工方式。

基于DEM流域分析实现，需要对流域地形结构进行定义。常用的方法是采取Shreve定义流域结构模式。Shreve模式以单根的树状图来描述流域结构，流域结构主要包括节点集、界线集和面域集。

（2）流域沟谷级别的确定

沟谷节点又称内部节点，沟谷源点又称外部节点，它们共同组成一个沟谷节点集。所有的沟谷段组成沟谷段集，形成一个沟谷网络；所有的分水线段组成分水线段集，形成一个分水线网络；沟谷段集和分水线段集共同组成界线集。

沟谷段是最小的沟谷单位。沟谷段可以分为内部沟谷段和外部沟谷段。内部沟谷段连接两个沟谷节点，外部沟谷段连接一个沟谷节点和一个沟谷源点。

同样地，分水线段是最小的分水线单位。分水线段可以分为内部分水线段和外部分水线段。内部分水线段连接两个分水线节点，外部分水线段连接一个分水线节点和一个分水线源点。

沟谷网络中的每一段沟谷都有一个汇水区域（子汇水区），这些区域由分水线集来控制。外部沟谷段有一个外部汇水区，而内部沟谷段有两个内部汇水区，分布在内部沟谷段的两侧。整个流域被分割成一个个子流域，每个子流域好像树状图上的一片“叶子”。

沟谷网络和分水线网络在沟谷节点相交，每个沟谷节点连接的沟谷段和分水线段数相等。沟谷网络的沟谷节点同时也是分水线网络的分水线节点。

Shreve 的树状图流域结构模型是简单明确的，虽然沟谷网络的节点模型和线模型与在栅格 DEM 中用于表示沟谷节点和沟谷线的栅格点的栅格链之间存在着拓扑不一致性。但它给出了沟谷网络、分水线网络和子汇流区的定义，明确表达了它们之间的相关关系，成为多年来设计流域地形特征提取技术的基础。

流域中的河流有干流和支流之分，一般要对其进行分级，河流自动分级和编码是流域网络、流域地形自动分割的基础。流行的河流分级方案有 Horton 于 1945 年提出的分级方案和 Strahler 于 1953 年提出的分级方案。

Horton 认为在一个流域内，最小的不分支的支流属于第一级水道，接纳第一级但不接纳更高级的支流属于第二级水道，接纳第一级和第二级支流的水道属于第三级水道，如此一直将整个流域中的水道划分完毕为止。Horton 分级的缺陷是凡是不分支的最基础的是第一级水道。结果一些属于较高级别的主流的延续部分，可以一直伸展到水道的最上端。Strahler 对 Horton 的定义做了修正。他规定：河流包括所有间歇性及永久性的位于明显谷地中的水流线在内，最小的指尖状支流，称为第一级水道，两个第一级水道汇合后组成第二级水道，汇合了两个第二级水道的称为第三级水道。这样一直下去，直到把整个流域内的水道划分完为止。通过全流域的水量及泥沙量的河槽，称为最高级水道。

流域描述参数有整体参数和局部参数两类。整体参数用来表述整个流域的形状、高程、面积等，而局部参数则用来表述组成河网的各个水道（沟谷）的特征。

（3）流域整体参数

①流域面积

流域面积是流域重要的特征之一，河流水量的大小直接和流域面积的大小有关。除干燥地区外，一般是流域面积越大，河流水量就越大。

②流域长度

流域长度定义为主河道从流域出口到分水线的距离，由于流域长度经常用在水文模型的计算中，故而又称为水文长度。流域长度的计算经常是沿着流水路径计算的，是水流时间计算的主要参数之一。

③流域坡度

流域坡度反映的是沿着流水路径上的高程变化情况。

④流域形状

流域的形状对河流水量的变化也有明显的影响，圆形或卵形流域，降水最容易向干流集中，从而引起巨大的洪峰；狭长形流域，洪水宣泄比较均匀，因而洪峰不集中。流域形状参数并不直接应用于各种水文模型计算中，而是从概念角度指导和分析流域水文过程。

⑤流域平均高程

流域的高度主要影响降水形式和流域内的气温，而降水形式和气温又影响到流域的水量变化。也就是说，根据某一高度上的降雨量、降雪量和融雪时间，可以估计河流的水情变化。

⑥流域方向

流域方向或干流流向，对降水、蒸发和冰雪消融时间有一定的影响，如流域向南，降雪可能很快消融，形成径流或渗入土壤；流域向北，则冬季的降雪往往在来年的春季才开始融化。

（4）流域局部参数

①沟谷长度

流域内指定沟谷的长度，一般用最大沟谷长度表示。

②沟谷坡度

沟谷的纵向坡度，可通过沟谷两端高程差与沟谷长度的比值来计算。

③河网密度

流域中干支流总长度和流域面积之比，称为河网密度，单位是 $km/km^2$，河网密度是地表径流大小的标志之一。

④沟谷级别关系

在自然条件一致的流域内，各级流域面积与级别之间，存在着半对数的直线回归关系，也就是它们呈几何级数的关系。

# 第7章　地理信息系统产品输出

GIS技术与艺术相结合，可以产生丰富多彩的地理信息产品。具有艺术性表达的地理信息产品，不仅美观易读，而且在表现和传递信息方面具有独特的效果。

## 7.1　地理信息系统产品输出的形式

### 7.1.1　基于GIS的地图生产过程

专门用于地图生产的数据不一定能符合GIS的要求，但是GIS中空间数据经过适当处理和加工则可满足地图生产的要求，从而形成空间数据采集、建库、地图生产的一体化过程。

### 7.1.2　绘图仪输出

绘图仪输出是最简单的，也是最常用的输出方式。过去GIS软件公司要针对不同的绘图仪编写不同的绘图驱动软件。现在这一工作逐渐标准化，这些工作均由操作系统提供的驱动软件，或绘图仪生产公司提供的驱动软件完成。

计算机图形输出可能有三种方式，第一种方式是根据绘图指令，编写绘图程序，直接驱动绘图笔绘图。第二种方式是由GIS软件产生一种标准的图形文件，如Windows的元文件WMF文件，调用操作系统或者Windows提供的函数“播放”元文件，绘制地图。第三种方式更为简单，所有程序不变，仅在需要绘图时，将图形屏幕显示的句柄改为绘图设备句柄即可。

### 7.1.3　自动制版输出

#### 1. 分色加网处理技术

分色加网是将已获得的彩色地图文件按照每一种颜色的黄、品红、青、黑的实际构成比例进行分色处理，并根据印刷彩色地图的网目密度进行加网处理，为输出分色加网胶片完成预处理工作，即产生页面描述文件（Postscript File），一种国际上通用的标准格式文件，包括对符号和正文的处理。这种单色文件可以通过影像曝光机输出加网胶片。分色处理可依据屏幕上的R，G，B值，也可以依据对应于印刷色谱上的黄、品红、青、黑构成比例，在可能条件下，应将 R，G，B 值直接转换到 Y，M，C，BK 值。符号和线画的色对应于原绘图文件中的笔号，其网线比例一定是 100%。并可设置线宽。

**2. 栅格影像处理**

栅格影像处理将转换矢量式的页面描述文件（Postscript File）为点阵式影像文件。它可直接用于输出网目片或正文、符号、线画软片，从而完成印前处理的最后一步工作。转变过程中，需要计算网目尺寸和扫描线的匹配关系。RIP 软件直接接受 Postscript File 件并进行解释和转换工作。转换后的结果通常可适用多种型号的影像曝光设备。RIP 软件直接接受矢量式文件，因此可以获得光滑的点阵边界，这是目前世界上普遍推广的一种方法，过去采用直接点阵式数据输出的方式正逐渐被淘汰，并用 Postscript RIP 方式所替代。RIP 过程中可以设置页面大小、网目形状、网目密度、正负网点选择等。

### 7.1.4 电子地图制作

电子地图的制作可以采用专门的电子地图制作软件。也可以采用现有的 GIS 软件，生成电子地图的画面文件，然后用适当的软件，将这些画面文件集成起来，形成电子地图集。

## 7.2 地图语言与地图符号

### 7.2.1 地图语言

地图内容都是通过地图语言来表达的。地图语言主要由地图符号、注记和色彩构成。由于使用了地图语言，实地上复杂的地物均可用清晰的图形表示其数量、质量特征及空间分布规律。地图语言是地图内容表达的基本元素。

地图符号属于表象性符号，它以其视觉形象指代抽象的概念。它们明确直观、形象生动，很容易被人们理解。客观世界的事物错综复杂，人们根据需要对它们进行归纳（分类、分级）和抽象，用比较简单的符号形象表现它们，不仅解决了描述真实世界的困难，而且能反映出事物的本质和规律。因此，地图符号的形成实质上是一种科学抽象的过程，是对制图对象的第一次综合。地图符号是用来传递地图内容信息的，因此，地图符号除了具有符号固有的图形特征外，还具有地图符号设计过程的约定特征，反映地图内容的系统性特征，符号随比例尺的变化特征及符号阅读的通俗性特征。

注记是地图的重要内容之一，是判读和使用地图的直接依据。地图注记是表示地图内容的一种手段，对地图内容可以起到说明的作用，它可以说明制图对象的名称、种类、性质和数量等具体特征；地图注记还可以弥补地图符号的不足，丰富地图的内容，在某种程度上也可以起到符号的作用，如青年街、杨树庄、白马寺等，就起到了符号的作用。

图形和色彩是构成地图的基本要素。色彩作为一种能够强烈而迅速地诉诸感觉的因素，在地图中有着不可忽视的作用。色彩本身也是地图视觉变量中一个很活跃的变量。地图设计的好坏，无论在内容表达的科学性、清晰易读性，还是地图的艺术性方面，都与色彩的运用有关。色彩是所有颜色的总称，它包括两部分：无彩色系和有彩色系。“无彩色系”（消色）是指黑、白以及介于两者之间各种深浅不同的灰色。“有彩色系”（彩色）是指红、橙、黄、绿、青、蓝、紫等色。一切不属于消色的颜色都属于彩色。无彩色系的颜色只有明度特征，没有色相和饱和度特征。有彩色系的颜色具有三个基本特征：色相、明度、饱和度，在色彩学上也称为色彩的三属性。熟悉和掌握色彩的三属性，对于认识色彩和表现色彩是极为重要的。三属性是色彩研究的基础。

### 7.2.2 地图符号

符号种类有多种形式，如语言、文字和数字等，而地图符号是一种专用的图解符号，是空间信息和视觉形象的复合体。地图符号设计的实质是一个系统工程，会受到诸多因素的影响，设计结果会影响图幅的展示效果，甚至直接影响地图的读图效率、使用价值等。地图符号设计仅通过对简单的视觉变量进行比较是不可靠的，还要通过以信息加工理论为基础的认知科学来分析。

近些年来国内外学者在符号设计方面做了一定的研究。如法国贝尔廷提出了视觉变量的概念，包括形状、大小、颜色、方向、明度和纹理；王华等[①]分析了基于叙事思维的地图符号设计；翁敏等[②]基于皮尔斯三元观和视觉变量提出了“符号组成要素—符号表现层面—符号结构”的理论。由此看出，前人对地图符号设计的研究多为理论基础，少有学者结合 GIS 制图软件设计过程对地图符号的内在视觉变量进行设计，且单个 GIS 制图软件无法满足制图需要。

#### 1. 地图符号的本质

地图符号的本质可以从地图符号的约定性和等价性以及地图符号的内涵与外延等方面来分析。制图者为了传递思想和概念，采用一些图形来代替一些概念，这就是地图符号与所代表概念之间的约定过程，从而使地图符号具有约定性。任何符号都是在社会上被一

① 王华，周玉科．基于叙事思维的专题地图设计思考［J］．测绘与空间地理信息，2020，43（7）：15-17，20.

② 翁敏，黄谦，苏世亮，等．基于皮尔斯符号三元观的专题地图符号设计［J］．测绘地理信息，2021，46（1）：44-47.

定的社会集团或科学团体所承认和共同遵守的，在某种程度上具有“法定”的意义。地图符号，尤其是普通地图的符号，大多数经过长时间的考验，达到约定俗成的程度。既然地图符号与概念之间存在的是约定关系，那么就可以选择不同符号来指代某个概念。这些不同符号之间又存在着怎么样的关系？这就需要研究地图符号的等价性问题。由于指代某一抽象概念的具体物质对象不是一个元素所组成的单集，而是一种多元素的集合。因此，在地图符号指代概念的约定过程中，地图符号之间存在着一种等价关系，即存在这样一个符号集合，集合中的每个符号都代替同一个概念。对地图符号的约定性和等价性的分析，可以将符号自身的特性和符号的实际应用以及地图符号设计中的内部和外部作用规律区别开来。

由此可见，地图符号是符号的子集，它具有可视性，是用一种物质的对象来代替一个抽象的概念，以一种容易被心灵了解和便于记忆的形式，将制图对象的抽象概念呈现在地图上，从而使人们对所表示的地理环境产生深刻的印象。

### 2. 地图符号分类

按照符号表示的制图对象的几何特征，地图符号主要分为点状符号、线状符号、面状符号和体状符号四类。

地图上符号与地图比例尺的关系，是指符号与实地物体的比例关系，即符号反映地面物体轮廓图形的可能性。由于地面物体平面轮廓的大小各不相同，符号与物体平面轮廓的比例关系可以分为依比例、半依比例和不依比例三种。据此，符号按与地图比例尺的关系也分为依比例符号、半依比例符号和不依比例符号三种。

按符号表示的制图对象的属性特征可以将符号分为定性符号、定量符号和等级符号。

根据符号的外形特征，还可以将符号分为几何符号、透视符号、象形符号和艺术符号等。

### 3. 地图符号的视觉变量

电子地图由不同符号的图形有机结合而成，而符号的复杂排列能够引起视觉上的不同感受。视觉变量是指地图上能够引起视觉变化的基本图形和色彩因素等，是构成地图符号的基本元素。地图视觉变量具体包括：形状变量、尺寸变量、方向变量、颜色变量和网纹变量。

（1）形状变量

是指能在视觉上区分的几何图形。形状变量表示事物的外形和特征，具体包括两种类型：①有规则形状的图形。这类图形可以是类似于地物本身的实际形状（如树木符号、电视塔符号等），也可以是象征性的符号（如首都、医院等）。②不规则的范围轮廓线性要素。例如，文化保护区的边界、坑穴等，都具有不同的形状范围特征。

（2）尺寸变量

是指符号大小（如直径、宽度、高度、面积、体积等）的变化。点状符号可以表达符号的整体大小变化。线状符号的尺寸变化主要体现在线宽的改变。面积符号的尺寸与面积符号的范围轮廓无关。例如，建立符号的大小与某城市 GDP 的固定比例关系，使得面积较大的符号所反映的GDP值也相对较高。但此类符号只反映城市GDP，与城市的范围轮廓无关。

（3）方向变量

体现符号的方位变化。方向变量适用于长形或线状的符号，如洋流的方向、季风的方向甚至是传染病蔓延的方向等。方向变量可以是符号图形本身的方向变化，也可以是同类纹理方向的变化。

（4）颜色变量

顾名思义，是指符号颜色的差异性。颜色变量可以从色相、亮度和饱和度这些方面分析。在使用颜色变量对地物进行区分时，同类地物数量上的差异，如人口密度差异、森林覆盖差异等，应该尽量使用同一色系，而通过饱和度或亮度的变化来反映地理事物的差异性。如果表达不同类型的地理实体，如耕地、林地、水体、建筑用地等不同的土地类型，就可以使用不同色相进行表示。而非彩色的颜色变量，只能利用灰度变化来区分。

（5）网纹变量

是指符号内部线条或图形记号重复交替使用。网纹样式可以是点状、线状、象形或影像。一般而言，网纹变量的使用应当与所表达事物具有关联。例如，水体可以采用波浪形的纹理。

将以上五种视觉变量有机组合，就可以形成各种各样的符号系列，直观形象地表达地图上各种地理实体的基本特征。

### 4. 地理信息系统符号库

GIS 符号库是表示各种空间的图形符号的有序集合，往往面向不同专题。例如，不同比例尺的地形图都有相应的符号库；土地利用现状图、控制性详细规划图等也都有专门的符号库。在设计 GIS 符号库时，除遵循一般符号设计的基本要求外，还需要遵循标准化、规范化和系统逻辑性等原则。图形符号的颜色、图形、含义等需要满足国家对基本比例尺地图图式规范的要求；专题符号尽可能采用国家及整个部门的符号标准；而新设计的符号应当满足整个符号系统的逻辑性和统一性等原则。

GIS 符号库的制作，搭建了从存储在空间数据库中的数字地图向电子地图转换的桥梁。

为实现转换操作，首先，向空间数据库的符号库里导入符号化文件。其次，打开所需要渲染的图层，进行分类或分级。再次，对分类或分级后的结果进行设置，从符号库中找到对应符号予以添加。最后，根据具体情况，对个别符号进行调整或编辑。

自行开发的系统程序，应灵活设置符号。例如，在渲染图层时，计算机能够根据分类代码，通过配置程序，找到对应的符号，设置地理空间数据的样式，从而形象直观地呈现五彩缤纷的电子地图。

## 7.3　专题信息与专题地图

专题地图应用广泛，在经济和国防建设、科学研究及文化教育中均起着重要作用。在专题地图中，各种制图对象的基本形状是由点、线、面及其过渡形态组成的，并以此反映现象的分布特点、变化时刻、质量和数量的特征及综合特征。

### 7.3.1　专题地图的内容

专题地图是在地理底图上，突出地表示自然要素或社会经济现象。专题地图的表示内容具有下列三个特点。

（1）专题地图的组成分专题内容和地理底图两大部分。

（2）专题地图的内容广泛，主题多样，在自然界与人类社会中，凡能用地图形式表达的事物均可以作为专题地图的内容。

（3）专题地图内容采用专门的表示符号系统。

专题地图的内容，从资料选择来讲，一是将普通地图内容中一种或几种要素显示得比较完备和详细，而将其他要素放到次要地位或省略，如交通图等；二是包括在普通地图上没有的和地面上看不见的或不能直接体现的专题要素，如人口密度图。

### 7.3.2　影像地图制作

影像地图是一种以遥感影像和一定的地图符号来表示制图对象地理空间分布和环境状况的地图。在影像地图中，图面要素主要由影像构成，辅助以一定的地图符号来表现和说明制图对象。与普通地图相比，影像地图具有丰富的地面信息，内容层次分明，图面直观，清晰易读，充分表现出影像与地图的双重优势，还能满足对普通地图的基本要求，如量测、分析等。对于具有向量和栅格双重数据结构的 GIS 空间数据库而言，遥感图像处理也是其基本功能之一。因此，影像地图的制作就十分简单，其过程如图 7-1 所示。

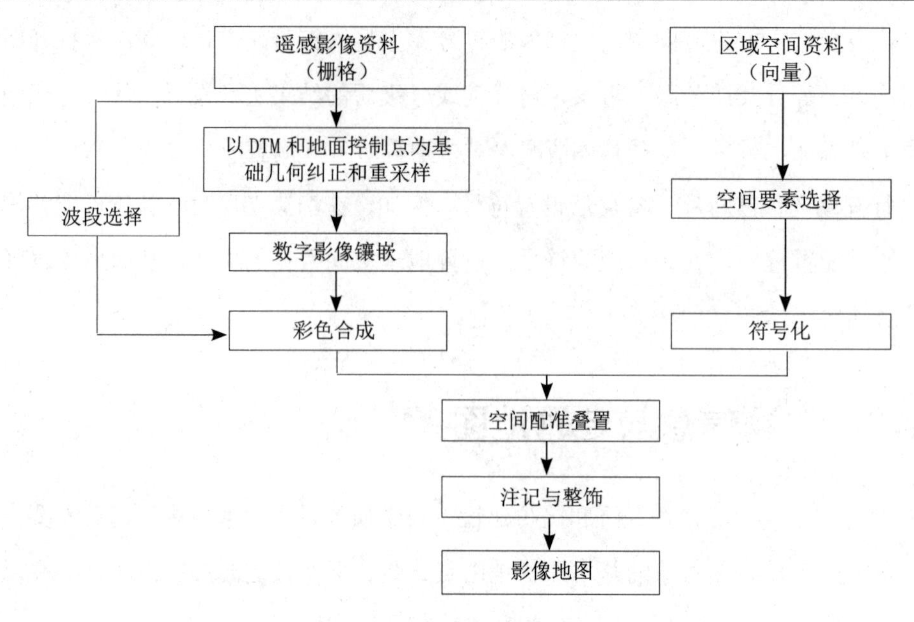


图 7-1　影像地图的编制

在影像地图的编制过程中，有几个问题需要特别注意：

（1）遥感影像的选择和处理

遥感影像的选择和处理是提高影像地图质量的关键，应选择恰当的时相和波段的遥感影像，影像的几何分辨率应与成图比例尺相适应。为了增加影像的可读性，需要对选定的遥感影像进行增强和去噪处理。

（2）遥感影像的几何纠正

遥感影像几何纠正的目的是对影像数据进行地理编码并消除地形起伏造成的几何误差，以提高遥感影像与向量空间数据叠置复合的精度。因此，几何纠正应利用区域的格网DTM，采用共线方程法进行，即利用纠正控制点的三维坐标（其中Z坐标从DTM中查找）来对遥感影像进行纠正。

（3）遥感影像的镶嵌

当制图区域范围很大，一景遥感影像不能覆盖全部区域时，就需要把覆盖整个制图区域的多幅具有重叠子区的遥感影像镶嵌为完整区域的图像。镶嵌时以最中间一幅影像为基础，两两拼接并保持拼接图像的灰度平衡。

（4）空间要素的选取

在影像地图中，不能把空间数据库中存储的多层要素都叠置到影像上，而应从中选取那些在遥感影像上无法表示的要素，如等高线、重要点状地物、线状地物以及某些现象等。再对这些选取的要素进行符号化处理，以便与影像图复合。

（5）影像地图的图面配置

在将遥感影像图与空间向量制图要素复合后，就基本形成了影像地图，但是图面的可读性可能较差，尤其是当遥感影像是多波段彩色合成图像，其色彩层次丰富，将向量地图要素叠置上去后，易被遮盖，无法阅读使用。此时，需要对影像进行淡化处理，减小影像的对比度，增加它的整体亮度，再将向量地图要素与之叠置。在完成影像与向量空间要素叠置后，还需要进行图面整饰，包括图廓线、坐标控制格网、标题、图例、比例尺、指北线、图内地名等的绘制和注记。

### 7.3.3　专题地图设计

专题地图设计就是将专题信息以图形进行表达与传输的过程，可以包括表示方法的设计与选择、图例设计、图面配置的总体效果及具体安排、色彩设计。这需要设计人员充分运用设计基本原理与方法，通过反复比较，选择符合编图目的、容易被读者理解与接受的优选方案。专题地图设计是专题地图编制中非常关键，并且十分具有创造性的环节。本节主要介绍在任务和要求明确后如何初步提出图幅的基本轮廓，包括投影选择、明确比例尺、划定图幅范围、进行图面规划和绘制设计略图等内容。

**1. 图幅基本轮廓的设计**

专题地图的总体设计比普通地图和国家基本地形图的设计复杂。编制一幅专题地图不仅需要学科专业与制图的紧密结合，而且要对图幅的用途和使用者的要求有深入的了解和掌握。在此基础上，才能设计图幅的基本轮廓。具体要了解的内容包括以下几方面。

（1）该图幅是专用还是多用。专题地图既能专用也可多用，而且越来越向多用方向发展，并相应地产生了一版地图多种式样的做法。

（2）分析已出版的类似专题地图。吸收长处，改进不足，以便更好地满足地图使用者的需要。

（3）明确地图使用者的特殊要求，根据不同的读者对象、不同用途以及不同使用场合等要求。

**2. 制图区域范围的确定**

专题地图图幅的区域范围是根据用途和要求来确定的。范围选择是否合适，在很大程度上影响着图幅的使用效能，并与专题地图的数学基础有紧密的联系。与普通地图一样，根据图幅范围可分为单幅、单幅图的“内分幅”、分幅三种形式。

（1）单幅

这是指一幅图的范围能完整地包括专题区域，通常叫截幅。专题区域放置在图幅的正中，它的形状确定了图幅的横放、竖放和长宽尺寸。专题区域与周围地区的关系要正确地处理。为了便于阅读和使用，专题地图一般以横放为主要式样。有些专题区域的形状是长的，而地图的方向习惯是上北下南，所以只好竖放。

（2）单幅图的“内分幅”

这是指整体图件大小超过一张全开纸尺寸，而不得不将整体图件分为若干张分别表达。“内分幅”应按纸张规格，一般分幅不宜过于零碎，分幅面积大体相同。

（3）分幅

分幅是地形图普遍采用的一种形式。分幅图不受比例尺限制，分幅图的分幅线是根据区域大小采用矩形分幅和经纬线分幅的，分幅图原则上是不重叠的。

此外，图廓内专题区域以外的范围如何确定，在总体设计时也应明确下来，方法如下。①突出专题区域线，区内区外表示方法相同，只把专题区域界线加粗，或加彩色晕边，以显示专题区域范围，同时也能与相邻区域紧密联系。②只表示专题区域范围，区域外空白，突出专题区域内容，区内要素与区外要素没有联系。③内外有别，即专题区域内用彩色，区域外用单色，且内容从简。这是专题地图普遍采用的方法。

### 3. 专题地图数学基础的设计

专题地图数学基础包括地图投影、比例尺、坐标网、地图配置与定向、分幅编号和大地控制基础等，其中地图投影和比例尺是最主要的。

（1）影响数学基础设计的因素

①专题地图的用途与要求。这是影响数学基础设计的主导因素，因为投影和比例尺都是根据图幅的用途和要求选择设计的。

②制图区域的地理位置、形状和大小。该要素是一个重要的因素，位置和形状往往影响投影和比例尺的选择。在设计时对制图区域的形状和大小要详细研究，并同时设计几个方案，选择一个合理的方案。

③地图的幅面及形式。地图的幅面及形式都对数学基础设计有一定的影响，直接关系到使用效果。

（2）投影和比例尺的设计

①投影设计。在专题地图制图中采用较多的是等积投影和等角投影，具体设计时采用何种投影，要视专题地图的用途和要求而定。

②比例尺设计。专题地图比例尺的设计应考虑图幅的用途和要求，根据制图区域形状、

大小，充分利用纸张有效面积，并将比例尺数值凑为整数。在实际设计地图比例尺的工作中，往往还会出现一些特殊的问题，如不要图框或破图框、移图、斜放。

（3）图面设计

专题地图不仅要有科学性，而且也要有艺术性。图面设计包括图名、比例尺、图例、插图（或附图）、文字说明等。

①图名。专题地图的图名要求简明，图幅的主题一般安放在图幅上方中央，字体要与图幅大小相称，以等线体或美术体为主。

②比例尺。比例尺有两种表示方法：一是用文字（如一比两千）或数字（如 1 ∶ 2000）表示，二是用图解比例尺表示。图解比例尺间隔也有两种划分方法：一种是按单位长度划分，表明代表的实际长度；另一种是按实地千米数划分，每格是按比例计算在图上的长度。比例尺一般放在图例的下方，也可放置在图廓外下方中央或图廓内上方图名下处。

③图例。图例符号是专题内容的表现形式，图例中符号的内容、尺寸和色彩应与图内一致，多半放在图的下方。

④插图（或附图）。附图是指主图外加绘的图件，在专题地图中，它的作用主要是补充主图的不足。专题地图中的附图，包括重点地区扩大图、内容补充图、主图位置示意图、图表等。附图放置的位置应灵活。

⑤文字说明。专题地图的文字说明和统计数字要求简单扼要，一般安排在图例中或图中空隙处。其他有关的附注也应包括在文字说明中。专题地图的总体设计，一定要视制图区域形状、图面尺寸、图例和文字说明、附图及图名等多方面内容和因素具体灵活运用，使整个图面生动，可获得更多的信息。

## 7.4　地理信息的可视化技术

可视化技术的基本思想是“用图形与图像来表示数据”。可视化技术充分利用了人类的视觉潜能，俗话说“一图抵千言”，往往千言万语也表达不了一张图包含的信息。利用图形、图像表示信息，可以迅速给人一个概貌，反映事物错综复杂的关系。可视化技术可以从复杂的多维数据中产生图形，展示客观事物及其内在的联系，能激发人的形象思维，允许人类对大量抽象的数据进行分析，从而使人们能够观察到数据中隐含的现象，为发现和理解科学规律提供有力工具。

### 7.4.1　可视化表示方法

GIS 可视化表示方法可以看作“地图学”学科的创新发展。在 GIS 可视化的电子地图中，传统专题地图表示方法不仅适用，而且能够应用得更为生动、丰富。按照符号的几何类型，地理空间信息的表示方法可以划分为点状要素表示法、线状要素表示法、面状要素表示法和面上数据指标表示法四大类，而具体有十种典型的表示方法。

定位符号法主要用于表示点状分布的物体，如宝塔、寺庙、工矿点等独立地物。在电子地图上，定位符号法大多用比率符号来表达数量关系。例如，表示某地矿产含量时，符号随含量多少而变化，含量多则符号大，含量少则符号小，两者成变化比率关系。通过定位符号法可以形象反映地理要素的数量差异，而通过符号的扩张形式可以表示要素的动态变化（如 GDP 变化等）。如果需要显示点状要素的内部结构特征，可以通过符号的内部分割形式来表达。符号的位置应与物体的实地位置相一致，不能随意进行位移处理。

线状符号法是指用于表示呈线状分布的地理现象，既可以表示无形的线划（如境界线等），也可以表示线状地物不依比例尺表示的事物（如河流等），还可以表示在一定范围内专题现象的主要方向（如山脉走向等）。线状符号法的特点如下：①可以使用符号的宽度和颜色来分别表示数量和质量特征。例如，用不同宽度和颜色的线划，来表示不同等级的道路；用不同宽度和颜色，反映不同季节内河流流量的差异。②线状符号具有一定的宽度。例如，描绘时一边为准确位置，另一边为线划的宽度。③线状符号表示线状分布，但不表示现象的移动和方向。例如，公路网规划图和珠江流域图是用线状符号来表示规划道路、河流线状地物等。

运动线法是线状要素的另一种表示方法。运动线法是用箭头符号和不同宽度和颜色的条带，来表示现象移动的方向、路径、数量和质量特征等。例如，春运期间的人流迁移地图就用运动线法来表示客流情况。在设计运动线法的符号时，不同形状和颜色的条带，可以表示不同类型的指标。例如，在洋流图中，用红色的线条表示暖流，而用蓝色的线条表示寒流。同样可以使用不同粗细的条带表示运动的速度和强度，以箭头形状符号表示运动的方向。运动线法还可以使用箭头的长短来表示现象的稳定性，箭头较长表明运动的稳定性更强。

面状要素的表示方法包括范围法、质底法、等值线法和点数法等四类。

范围法用于表示呈现间断的成片分布的面状对象，而用真实的或隐含的轮廓线来表示对象的分布范围，轮廓线内部再用颜色、网纹、符号以及注记等手段区分质量特征。范围可以分为绝对区域和相对区域。绝对区域具有明确的边界，并且除该区域以外再也无此现象的存在。例如，某市域内的高新技术产业园区具有明确的分布范围。相对区域是指图中所示范围仅仅代表现象集中分布的地区，而其他地方也可能有此现象。例如，某种植被或者动物的分布区域。相对区域可用虚线或点线来表示轮廓界线，或者不绘制轮廓界线，只以文字或符号来表示概略范围。

质底法用于表示连续分布且布满整个区域的面状现象，如地质现象、土地利用状况和土壤类型等。质底法不强调数量特征，只强调属性特征。质底法根据对象的性质进行分类或分区形成图例，然后绘出轮廓线，将同类现象绘成相同颜色，最终得到连续分布的显示现象性质差异的地图。在分区时，质底法可以分为精确分区和概略分区。精确分区表示具有精确界线范围的现象，如行政区划、地质分布等；而概略分区用于表示无精确界线范围的现象，如主体功能区、民族分布等。质底法的优点是图像鲜明美观，缺点是不易表示各类现象的过渡，而且当分类较多时，图例复杂。

等值线法是用等值线的形式表示布满全区域的面状现象，适用于描述地形起伏、气温、降水、地表径流等布满整个制图区域的均匀渐变的自然现象。所谓等值线，就是将现象数量指标相等或显示程度相同的各点连成平滑曲线。例如，使用等高线表示高程，使用等降水量线表示降水现象，使用等温线表示气温分布等。等值线法的特点是：①可以表示变化渐移且连续分布的现象。②需要以同一指标来绘制等值线。例如，地理要素都是反映高程或者都是反映气温等。③等值线必须组成系统来描绘现象的变化情况。④等值线的间隔应当是常数，以便于判断现象变化的急剧或缓和程度。

点数法主要用于描述制图区域中呈分散的、复杂分布的，以及无法勾绘其分布范围的现象，如人口、动物分布等，通过一定大小和形状相同的点群来反映。这些点子大小相等并且每个点子都代表一定的数量。点子的分布具有定位功能，代表现象大致的分布范围；点子的多少反映现象的数量指标；通过点子的集中程度，反映现象分布的密度。点数法可采用不同颜色的点来反映现象数量和质量的发展情况，例如，蓝色和红色的点子，分别反映制图区域内餐饮店和服装店的分布密度等。

面上数据指标表示法包括定位图表法、分级统计图法和分区统计图表法。

定位图表法是以定位于地图要素分布范围内的统计图表来表示范围内地图要素数量、内部结构或周期性数量变化的方法。如在某区域内进行风速与风向测量，不太可能涉及区域内的所有地方，而只能通过采样的方法，设置具有代表性的监测站。虽然测点的风向、风速等情况只是一组点的数据，却可以反映周边区域的风速与风向情况。定位图表法的特点是以“点”上的现象说明占有一定面积的现象或总和。此外，方向线的结构和长短代表现象的频率、大小等特征。例如，用玫瑰图来表示风速情况，可以反映八个不同方向风速的强弱变化。

分级统计图法是根据各制图单元（如行政区划）的统计数据进行分级，用不同色阶或疏密晕线网纹，来反映各分区现象的集中程度或发展水平的方法。分级统计图法适用于表示相对数量指标，其关键是对指标进行分级，常用的分级方法包括：①等差分级，即以相等的级差划分等级；②等比分级，即以相等倍数的级差划分等级。分级统计图法的优点在于绘制简单、阅读容易，而在实际应用中。要根据数据的分布特征，对等级间距进行调整，以达到更好的表达效果。

分区统计图表法是将各分区单元内的统计数据，描绘成不同形式的统计图表，并置于相应的区划单元内，以反映各区划单元内的现象总量、构成和变化。例如，分区统计图表法可以表示产业结构、年龄比例和性别比例等信息分布。分区统计图表法把整个区域作为整体，可以显示现象的绝对和相对数量、内部结构组成、发展动态等，但只能概略地反映地理分布，而不能反映区域内的差别。分区统计图表法反映的是区域的现象，而不是点的现象，并且适宜于表示绝对数量。采用较多的统计符号是立体统计图、饼状统计图、柱状统计图等。

GIS软件开发人员已经把GIS可视化的表示方法内嵌到计算机软件里，用户只需要进行简单的参数设置，就可以实现对电子地图的各种渲染效果。

### 7.4.2　地理空间数据可视化的作用

地理空间数据可视化具有三个方面的重要作用。

（1）可视化可用来表达地理空间信息

地理空间分析操作结果能用设计良好的地图来显示，以方便对地理空间分析结果的理解，也能回答类似“是什么”“在哪里”“什么是共同的”等问题。

（2）可视化能用于地理空间分析

事实上，我们能理解所设计的并彼此独立的两个数据集的性质，但很难理解两者之间的关系。只有通过叠加与合并两个数据集之类的空间分析操作，才可以测定两个数据集之间的可能空间关系，才能回答“哪个是最好的站点”“哪条是最短的路径”等类似问题。

（3）可视化可以用于数据的仿真模拟

在一些应用中，有足够的数据可供选择，但在实际的空间数据分析之前，必须回答与“数据库的状态是什么”或“数据库中哪一项属性与所研究的问题有关”这些类似的问题。这里的空间分析需要允许用户可视化仿真空间数据的功能。

# 第 8 章　地理信息系统的应用

GIS 是用于管理、分析空间数据的信息系统，其在专业领域的广泛应用，是推动 GIS 发展和行业或领域信息化的原动力。丰富的 GIS 应用，使得其向更高的技术水平发展，并不断完善。

## 8.1　“3S”集成技术及应用

### 8.1.1　“3S”支撑技术

全球定位系统（Global Positioning System，GPS）、遥感（Remote Sensing，RS）和地理信息系统（Geographic Information System，GIS）是目前对地观测系统中空间信息获取、存储、管理、更新、分析和应用的 3 大支撑技术（简称“3S”），是现代社会持续发展、资源合理规划利用、城乡规划与管理、自然灾害动态监测与防治等的重要技术手段，也是地学研究走向定量化的科学方法之一。

1. GPS

全球定位系统是以卫星为基础的无线电测时定位、导航系统，由分布在与赤道面夹角为 55° 的 6 个轨道上的 21 颗工作卫星和 3 颗备用卫星组成，可为航天、航空、陆地、海洋等方面的用户提供不同精度的在线或离线的空间定位数据。

20 世纪 70 年代初期，美国国防部为满足其军事部门海陆空高精度导航、定位和定时的需求而建立了 GPS。20 世纪 80 年代以来尤其 20 世纪 90 年代以来，GPS 卫星定位和导航技术与现代通信技术相结合，在空间定位技术方面引起了革命性的变革。用 GPS 同时测定三维坐标的方法将测绘定位技术从陆地和近海扩展到整个海洋和外层空间，从静态扩展到动态，从事后处理扩展到实时（准实时）定位和导航，从而大大拓宽了它的应用范围和在各行各业中的作用。

GPS 包括 3 大部分：空间部分——GPS 卫星及其星座，地面控制部分——地面监控系统，用户设备部分——GPS 信号接收机。

① GPS 卫星及其星座。GPS 由 21 颗工作卫星和 3 颗备用卫星组成，它们均匀分布在六个相互夹角为 60° 的轨道平面内，即每个轨道上有 4 颗卫星。卫星高度离地面约

20200km，绕地球运行一周的时间是12恒星时[①]，即一天绕地球两周。GPS卫星用L波段两种频率的无线电波（1575.42MHz和1227.60MHz）向用户发射导航定位信号，同时接收地面发送的导航电文以及调度命令。

②地面控制系统。对于导航定位而言，GPS卫星是一动态已知点，而卫星的位置是依据卫星发射的星历——描述卫星运动及其轨道的参数计算得到的。每颗GPS卫星播发的星历是由地面监控系统提供的，同时卫星设备的工作监测以及卫星轨道的控制，都由地面控制系统完成。

GPS卫星的地面控制站系统由位于美国科罗拉多的主控站以及分布全球的三个注入站和五个监测站组成，实现对GPS卫星运行的监控。

③GPS信号接收机。GPS信号接收机的任务是，捕获GPS卫星发射的信号，并进行处理，根据信号到达接收机的时间，确定接收机到卫星的距离。如果计算出4颗或者更多卫星到接收机的距离，再参照卫星的位置，就可以确定出接收机在三维空间中的位置。

### 2. RS

在“3S”技术中，RS是从以军事为目的的空对地观测技术逐渐演化为民用的一种高新技术。RS源于航空摄影测量，历史悠久。1839年摄影相机问世，1914年机载摄影机研制成功。从1959年苏联宇宙飞船“月球3号”拍摄第一批月球相片到20世纪60年代美国海军研究局伊·普鲁伊特（Eretyn Pruitt）教授第一次提出“遥感”这个术语，RS已经形成一套较为完整的“应用卫星和卫星应用”的理论体系，技术方法也不断完善，并逐步向“遥感科学”过渡。其主体是将不同性能的观测器（Sensors）用不同的载体送入距地球一定的高度，先对地表的空对地观测，并将观测结果实时发送到地面，通过地面接收、解码与分析系统的处理、认知，获取观测信息，为进一步认知地球、合理开发和利用地球资源与环境整合提供强有力的技术支撑和手段。

### 3. GIS

GIS指在计算机硬件支持下，对具有空间内涵的地理信息进行输入、存储、查询、运算、分析、表达的技术系统，同时它可以用于地理信息的动态描述，通过时空构模，分析地理系统的发展变化和深化过程，从而为咨询、规划和决策提供服务。它的优越性能是“数字建模与空间分析”。[②]

GIS源于机助制图。1956年，奥地利土地测绘部门用计算机管理地籍信息的实践可

---

① 恒星时（Sidereal time），是指以地球相对于恒星的自转周期为基准的时间计量系统。

② 王金鑫，张成才，程帅．3S技术及其在智慧城市中的应用[M]．武汉：华中科技大学出版社，2017：56.

以说是 GIS 应用研究的萌芽。20 世纪 60 年代，加拿大地理学家罗杰·汤姆林森（Roger Tomlinson）提出了 GIS 的概念，并组织完成了世界上第一套地理信息系统——加拿大地理信息系统（CGIS）。到 20 世纪 80 年代，随着计算机硬件性价比大幅度提高，一大批成熟的商用 GIS 软件平台相应出台，GIS 用户已呈几何级数攀升，“地理信息系统”已作为专业人才教育专业，陆续在一些高等院校设立。目前 GIS 已成为以空间分析操作为工具的对地球信息进行动态管理、综合分析与空间模拟的高新技术。

### 8.1.2　“3S”集成系统的应用

“3S”系统在土地、地质、采矿、石油、军事、土建、管线、道路、环境、水利、林业、水保等多个领域的开发、调查、评价、监测、预测中发挥基础和信息提供的作用，为决策科学化提供依据和保障。但是，“3S”的作用绝不可过分夸大化，比如说，一个森林资源调查、监测系统，能够快速准确地研究森林病虫害的种类、范围、程度，并指导杀虫灭害，但用什么手段去实施，仍需要林学专家去指导解决。而解决结果的评价（特别是大范围时）又要依靠“3S”专家去实施。因此“3S”专家与其服务领域的专家相辅相成、协同作战时，专业问题才能得以解决。就专家位置而言，“3S”专家是系统服务员，而专业问题专家是系统决策者。指望一个“3S”系统超越专业专家去解决专业问题是不可能的。

#### 1.“3S”土地资源监测评价系统 UAVRS-II

由中国测绘科学研究院组织的“3S”土地资源监测评价系统于 1999 年 7 月通过专家预审，该系统由低空无人驾驶飞机、DGPS、摄影机、扫描仪、微波实时传输、遥测遥控、配合图形、图像处理系统、GIS 构成，可以实时地进行各种规模的土地资源调查、动态监测和评价。

#### 2.“3S”海洋导航、调查、测图系统

现代大型船舶在海上航行虽然已有十分先进的导航设备，但海难事故时有发生，如我国的“向阳红 16 号”科学考察船在去太平洋作锰结核矿调查时与塞浦路斯货轮相撞沉没；“爱沙尼亚”号客轮在波罗的海遇风暴而遇难，死亡人数达 900 人。而去南极的考察船往返经过咆哮的西风带时，在惊涛骇浪中航行更惊心动魄；进入南极圈时在冰山林立的海区航行，除了要有丰富的航海经验外，更需要有最先进的导航设备保证航行安全。“3S”集成系统是一种理想的实用型系统。航海需要准确的实时定位，GPS 实现了这一点。同时航海还与气象息息相关，气象卫星遥感图像能提供最新的气象信息。气象分析还与高空形势图、地面形势图和海况图等有密切关系，“3S”集成系统的优势是对遥感图像进行几何校

正，使GPS定位数据的图像，正确地显示船位，同时利用GIS的叠加功能，将GPS数据、纠正后的遥感图片与各种背景资料，诸如高空形势图、地面形势图和海况图，叠加处理和分析，寻找安全航线，驾驶员可以十分清楚地在PDS上观察到自己所处的位置及航行路线周围的情况。

对于冰区航行需要有雷达图像寻找开放水域和导航，同样须经RPS进行处理。为防止船舶与冰山或其他船只碰撞，须将船载雷达信号通过LCS与海况图叠加显示。

南极大陆考察，在茫茫冰原中进行，大部分地区没有详细的地图，南极气候变化无常，风暴中能见度很低、冰盖上不少地区又有冰裂缝，难以通过，考察中需要遥感图像结合GPS导航，同时需要前人考察中积累的资料作背景数据参考分析，考察数据又可通过LCS采集后建库，也可在行进中做实时分析。

海洋物理调查中，船载测深仪、测温仪、盐度计及测流计等通过LCS，再结合GPS定位数据，可在“3S”集成系统中直接建库，结合海洋遥感数据绘制海温、盐度在不同深度的分布图，研究表层、中层、深层和底层水、水团和洋流的特点，结合先前的资料，通过EAS分析其变化特点。

利用“3S”集成系统研究极区海冰分布和变化，除了卫星遥感图像资料外，绕极区航行可以大量采集实况数据，再由GIS将以往资料进行叠加分析，监测冰区的动态变化，研究其对全球气候和海平面升降的影响，以及极区产冰量、开放水域及航行环境。

磷虾生长与海温、洋流和海洋微生物分布等有密切关系，同样“3S”集成系统能在磷虾调查中发挥作用，使用GPS定位，LCS收集鱼探仪数据，结合海温、洋流及海洋微生物分布进行分析和制图，为商业性捕磷虾提供可靠依据。

“3S”集成系统可在遥感图像导航下进行实况采集，同时运用GPS定位数据使实况采集数据与遥感图像精确配准，以供以后的分析用。本系统还可用于分析类图的检测。有些实况数据结合背景数据还可以做近实时分析。

### 3. 车辆定位指挥调度系统

系统由DGPS、无线数据链、专业传感器、CCD扫描系统构成，配合电子地图，实现交通运输的合理调度和管制。如公共汽车的合理调度，出租车监测和调配，警车、消防车、运钞车的调度、指挥和监控等。

### 4. 精密农业系统

精密农业（Precise Farming）是国外依靠科学技术发展高效农业的一个新概念，是电子地图、DGPS、现代农机、现代农业科学技术集成的结晶，其特点对土壤特征、水分、气候等与农业相关的因素进行研究，建立相关的 GIS，通过 DGPS 导航，实现飞机播种、药物飞播、治虫防病、锄草施肥，当然此项工作也可由 DGPS 导航的农机车辆完成。此举可以省去横向重叠、转换重叠，因地制宜地播种、施肥、锄草、撒药，减少浪费，提高效益。如夜间喷洒农药和化肥，因夜间风小、气温低，可使用喷孔更多、更细的喷雾器，因夜间蒸发和漂移损失小，喷施均匀，夜间植物气孔张开，更易吸收农药和化肥；而白天阳光照射，喷洒的农药会因为蒸发、无效扩散，随风飘散而造成浪费。据国外统计，利用现代精密农业系统，可节约 50% 的农药和化肥。

### 5. 数字林业

“数字林业”是在“数字地球”大的背景下的“数字行业”范畴，是一项集地球科学、信息科学、计算机科学、空间对地观测、数字通信、林业资源、林业管理决策、林业保护及林业开发等众多学科的理论、技术于一体的专业科学体系，是由理论、技术和工程构成的三位一体的庞大的系统工程。该项研究工作在国内外尚属起步阶段，没有完整的研究范例，它属于多学科的综合研究工作。我国由国家林业和草原局牵头，由中国林科院等单位参加进行了初步的试点摸索研究。结合国内外的有关文献及一些初步的研究工作，我们认为“数字林业”的研究涉及如下问题：

（1）数据的获取及更新。地面调查，各级分辨率遥感技术的应用，监测体系的建立或改造，人文、经济等方面的数据的获取，各种已有信息的整合利用。

（2）数据的规范化和标准化问题。结合各学科或专业，制定标准的分类系统及相应的编码系统。保证数据的交换、共享、传输调用的顺利进行。

（3）信息高速公路及计算机宽带高速网。

（4）空间数据技术与空间数据基础设施。包括图形库、图像库和数字地形（DEM）的一体化及处理分析，国家或地区的空间数据基础设施。

（5）高分辨率的卫星遥感技术和定位导航技术。包括高空间分辨率的基于目视解译的遥感技术，如 LANDSAT7、SPOT5、IKONOS、QUICKBIRD 等；高光谱分辨率遥感技术；雷达遥感技术和多角度观测的遥感技术和全球定位系统。

（6）海量数据的存储、管理以及元数据的管理。

（7）科学的数学计算。林业资源的现状、变化和过程的精准描述（体现为各类经过经验确证的模型），各个学科或专业定量的研究成果。

（8）可视化和虚拟现实技术。

（9）森林资源监测系统、调查技术、现代林业经营管理决策规划技术、林业保护和开发技术等。

在“数字林业”所涉及的问题中，不难发现：遥感（RS）、地理信息系统（GIS），全球定位系统（GPS）、森林资源监测体系、计算机网络通信技术构成了“数字林业”的主要支撑技术。

现代的遥感技术，包括重点或典型地区的技术非常成熟的大比例尺航空摄影，为“数字林业”工程数据的获取和更新将起到不可估量的作用。遥感技术并不排除地面的调查和监测，我国的森林资源监测体系就是基于设置在公里网交叉点上的地面固定样地实现的，全国共设有 20 多万个地面的固定样地，通过定期地对固定样地的复查实现森林资源的消长变化的监测。我国的森林资源监测体系在过去的几十年内发挥了重要作用，但同时也暴露出了一些问题，集中表现在系统估计时为有偏估计，体现在以下几个方面：①设定固定样地时不易测定的样地作废，或者设定的样地位置不符合规范（如偏离公里网交叉点的距离大于 50m）；②样地设计时为等概设计，但实施抽样时为不等概抽样；③固定样地设置后，在生产经营活动中区别对待，久而久之，使得所设定的固定样地失去了代表性；④样地丢失，即在固定样地复查时找不到初期设置的固定样地。RS、GIS、GPS 等新技术的出现为上述问题的解决提供了技术上的可能。GPS 的精确定位为固定样地的设置和复查、RS 图像与各种空间信息的配准提供了可靠保证，特别是 2001 年 5 月 1 日取消了“SA”（选择可用性）政策后，GPS 单机定位精度从以往的 ±100m 提高到 ±30m。同时，根据我们相关课题的研究，由于 CPS 所采用的坐标为 WGS-84 坐标系，而我国测绘基准系统为北京 54 坐标系（BJ-54）、1980 国家大地坐标系（C-80）或地方坐标系，由于各坐标系所采用的地球椭球的不一致，使得坐标之间存在转化参数。我国北京 54 坐标系、1980 国家大地坐标系与 WGS-84 坐标系之间的整体转化参数是保密的，故不能得知和使用，我们利用国家等级测量控制点求得区域性转化参数，可使 GPS 单机定位的精度提高到 3 ～ 5m。对于更高精度要求的定位问题可通过差分定位系统解决。遥感可以实现森林面积的全部监测，或者通过多阶抽样、双重抽样等模式构建监测方案。在进行样地布设时可通过 GIS 把难测区域单独做成副总体、各类型分层抽样来解决上述的第一、第二类问题。总之，在研究“数字林业”时如何将 RS、GIS、GPS 等新技术与现有的监测体系连接起来，构成新的监测模式、形成新的数学构架是值得深入研究的问题。

### 8.1.3 “3S”技术在智慧城市建设中的地位与作用

“3S”技术是数字地球和智慧地球的核心基础技术，同时是数字城市与智慧城市的框架支撑技术。没有“3S”技术，就没有数字城市和智慧城市。其在数字城市和智慧城市建设中的地位和作用体现在以下几个方面。

（1）GNSS 技术为智慧城市提供地理空间定位框架，同时是智慧城市大数据整合与融合的基础，也是智慧城市的两只“慧眼”之一。

城市是人类发展进程中时空交织的“地理有机体”，是沉淀的历史、固化的文明。现实中的城市，是发生在一定地理区域内的物质和文化现象的综合体，地理坐标和文化内涵是城市的标签。信息技术背景下，将一个城市的物质和文化要素数字化，在比特世界里，按照地理坐标构建一个与物质城市几乎一模一样的虚拟模型（和功能）系统，就是当代的智慧城市。虚拟空间与现实空间是相互对应的，也就是说，地理坐标是现实空间和虚拟空间联系的桥梁。

作为特定地理空间里的地理现象，地理空间框架是描述城市的基础。这里的地理空间框架包括基准、坐标参照系及其参考框架、地理现象坐标量测、采集及空间计算、基准与坐标变换等。GNSS 是实现和维护城市地理空间框架的理论基础和得力工具。智慧城市时代，异源、异构、异义（语义）、异度（尺度）、异准（坐标基准）的城市时空大数据整合和融合的底层基础正是地理空间定位框架。由于 GNSS 空间定位功能是由太空中的卫星来实现的，它能精确地告诉我们，某种现象发生在什么时间、什么地方。因此，它是智慧城市的“慧眼”之一。

（2）RS 技术是智慧城市的重要数据源，同时是城市环境监测的主要技术，是智慧城市的两只“慧眼”之二。

数据是智慧城市的基础。没有数据，智慧城市就成了无源之水、无本之木。如何快速、准确地获取城市地理时空大数据，是实现智慧城市功能的关键保证。特色各异的当代遥感（包括摄影测量）无疑是获取地理空间大数据的最有效手段，同时还可以对城市环境进行明察秋毫的监测。RS 技术既可以精准地告诉人们某时、某地发生了什么突发现象，而且还可以监控城市环境潜移默化的变化，是智慧城市的另一只“慧眼”。

（3）GIS 技术是智慧城市虚拟地理空间的建筑师，同时是其自动化、智能化的关键技术，即智慧城市的“大脑”。

智慧城市虚拟空间里的模型本质上分为如下两类。

一类是城市虚拟地理空间的几何模型。也就是基于海量城市地理空间信息，按照地理坐标进行组织、建模和纹理粘贴而构建的二维图形或三维虚拟地理场景。反映城市真实地理空间的结构与空间分布规律，属于城市的地理位置标签，是形似。基于该模型可以进行几何量算、空间分析和路径规划。一般而言，几何模型属于智慧城市的界面层。

另一类模型就是数学模型。它反映的是城市空间表象背后的地理规律和社会经济规律，属于城市的文化内涵标签，是神似。一般通过智慧城市的专题应用系统来体现。数学模型包括各种地理模型和社会经济模型，针对各种城市问题，面向城市的规划、建设与管理，并服务于广大市民。数学模型属于智慧城市的功能层。

无论哪一种模型，都是通过GIS技术建立的。几何模型基于GIS的二维和三维的可视化技术实现，数学模型则是依据城市地理、社会和经济的规律，利用数学方法构建，是智慧城市自动化、智能化的重要体现。如果说GNSS和RS是两只“慧眼”，而GIS则是智慧城市的“大脑”。

（4）“3S”集成是智慧城市建设的重要保障技术。

“3S”集成是指“3S”技术的有机结合，强调的是在线的连接、实时的处理和系统的整体性。“3S”集成，使两只“慧眼”和一个“大脑”同时工作，赋予智慧城市以生命和灵性。当代无人驾驶汽车，是“3S”集成（还有自动智能控制等）的典型实例，它使汽车有了生命和智力。移动测量系统是“3S”集成的又一成熟案例，它实时、快速而精准地为智慧城市采集时空大数据。“3S”集成技术是实现智慧城市的重要保障。

（5）地球空间信息科学为智慧城市建设与应用提供理论基础。

世纪之交，基于“3S”技术与计算机、网络通信等技术风起云涌的发展，以及地学界“Geomatics”新生事物的出现，我国摄影测量与遥感科学家李德仁院士，高瞻远瞩，提出了地球空间信息科学的概念及其理论体系。它是以“3S”技术为代表，包括通信技术、计算机技术的新兴学科，是数字地球的基础，为地球科学问题的研究提供了数学基础、空间信息框架和信息处理的技术方法。作为智慧地球的重要应用领域，地球空间信息科学为智慧城市建设提供理论基础与技术方法。

## 8.2 网络地理信息系统及应用

互联网的发展为GIS的发展带来了极大的便利，改变了GIS数据信息的获取、传输、发布、共享、应用和可视化等过程和方式，已经成为GIS新的操作平台。

### 8.2.1 网络地理信息系统概念

网络地理信息系统的研究有其深刻的学科背景和社会应用需求，有助于地理信息走进千家万户，提高人们的生活质量，有着十分重要的理论价值、经济利益和社会效应，具体表现在以下几个方面：

（1）网络地理信息系统是计算机网络、超媒体技术与“3S”技术结合的产物。

（2）网络地理信息系统是开放地理信息系统内涵的自然延伸。

（3）空间数据生产与应用矛盾的激化呼唤更加有效开放的分布式在线地理信息服务。

（4）基于 Internet 的地理信息服务本身就是国家空间数据基础设施、数字地球乃至智慧地球建设不可缺少的部分。

（5）分布式地理信息服务将推动地理信息为国民经济、社会发展和人民生活服务。

通俗地讲，网络地理信息系统就是以网络为中心的地理信息系统，它使用网络环境，为各种地理信息系统应用提供GIS功能（如分析工具，制图功能）和空间数据及其数据获取能力。网络地理信息系统也可以理解为基于 Web 的地理信息系统，这主要是由于大多数客户端应用采用了 WWW 协议。随着技术的进步，客户端可能会采用新的应用协议，因此也被认为是 Internet GIS。网络 GIS 使各种用户通过浏览器访问空间数据，实现查询、检索、编辑、分析、可视化等 GIS 功能。其除具有传统 GIS 的基本特点外，还具有以下几个特性。

（1）基于 Internet/Intranet 标准。网络 GIS 采用 Internet/Intranet 标准，以标准的 HTML 浏览器为客户端，遵循 TCP/IP 和 HTTP 协议。

（2）分布式服务体系结构。网络 GIS 采用分布式服务器体系结构，形成客户端和服务器相互分离、协同工作的多层分布结构，提高了网络资源计算的效率以及资源存储的利用率。

（3）交互系统。网络 GIS 是基于 Internet/Intranet 标准的，在任何操作系统平台和编程语言环境下，只要能够访问网络，则可以实现其提供的功能。

（4）动态系统。网络 GIS 在最开始时是非动态的，由于页面固定、数据量大，在多用户并发访问时，很容易造成网络阻塞。后来在服务器端使用公共网关接口（CGI）技术，由 CGI 程序负责处理客户请求，将请求指令发往运行于后台的 GIS 服务器，再将服务器处理的结果返回给用户。这是一种动态操作空间数据并生成相应查询结果的方式。

（5）跨平台。网络 GIS 客户端采用的是通用浏览器，对客户端的软硬件无特殊要求。在服务器端无论采用什么操作系统和 GIS 软件，任意用户都可以通过浏览器访问到网络 GIS 的服务器。这种特性使得跨平台操作成为现实。

（6）超媒体信息系统。随着网络技术、多媒体技术和地理信息系统技术的结合，网络 GIS 管理的对象已经从纯文本逐级扩展到了多媒体。

网络 GIS 最初应用于静态地图的发布上，静态地图是指借助于 HTML 与 HTTP 服务器将事先制作好的地图以静态的格式发布到网上，用户只能浏览已有的地图，不能对地图进行交互式操作。随后出现了静态网络制图，该阶段用户与浏览器之间的交互依然有限，用户无法编辑地图图像。随着计算机技术的发展，后来出现了交互式网络 GIS。该阶段客户端与服务器之间的交互功能有了改进，能够实现网络制图。到分布式地理信息服务阶段时，服务器和客户端之间可以直接进行通信，实现复杂的分析功能。

### 8.2.2 分布式地理信息系统

#### 1. 分布式系统和 C/S 模型

分布式系统(Distributed System)的定义是一组独立计算机的集合。从用户角度来看，分布式系统就相当于一台计算机。

基于分布式系统的复杂性，所以其对软件和硬件的要求更高。客户机/服务器(Client/Server,C/S)模型是一种分布式系统结构，客户端向服务器提出信息处理的请求，服务器端接收到请求并将请求解译后，根据请求的内容执行相应操作，并将操作结果传递回客户端。

#### 2. 网络地理信息系统的组合方式

（1）全集中式

全集中式的地理信息系统把软件、数据库管理系统和数据库全部集中在中央服务器上，用户将请求发送至客户系统，由客户系统传递给服务器并显示结果。

（2）数据集中式

网络系统的数据进行集中式的存储和管理，网络的其他部分成为数据客户，它们一般都是带有一定功能的地理信息系统软件。

（3）功能集中式

与数据集中式相反，功能集中式的网络信息系统把绝大部分的功能集中在一个或者几个容量大、性能高的服务器上，由它们负责所有的分析和处理，数据则分散到客户端存储和管理。

### 8.2.3 网络 GIS 的数据共享

地理空间数据近年来在许多部门中得到了广泛应用，尽管不同的部门和机构对地理空间数据的应用在区域上、目的上和内容上有很大不同，但这些应用始终会包括一些基础的空间数据，例如交通、水文、行政区划、土地地籍和高程等。如果这些基础数据能够得到充分共享，则可以避免大量的重复采集工作，节约人力和物力，提高资源利用率。因此，随着 GIS 技术本身的发展和应用需求的增长，不同 GIS 之间数据的共享和互操作必将受到越来越多的关注。

### 1. 分布式空间数据共享

（1）分布式空间数据库

分布式空间数据库是指空间数据在物理上分布于计算机网络的各个节点，每个节点拥有一个集中的空间数据库系统。

分布式空间数据库的特点是：

①数据在物理上分布，逻辑上统一。

②数据具有独立性。这种独立性不仅表现在逻辑和物理上的独立，还表现为数据的分布独立性，即分布透明性。

③适当的数据冗余。在分布式空间数据库中，有时为了提高系统中数据的可靠性，改善系统的性能，允许适当的数据冗余。

（2）地理信息的分布式计算

与传统的 GIS 相比，采用分布式计算模式的 GIS 数据和处理程序（应用程序）不仅可以位于一个集中的服务器上，也可以分散到多个在地理上分离的服务器上。

地理信息分布式计算的特点是：

① GIS 的应用功能装配在服务器上，为网络中的所有用户提供共享。

②中间层的可重用组件，可以由开发人员采用任何自己熟悉的工具开发。

③应用程序组件可以共享与数据库的连接，以克服数据库服务器为每个活动用户保持一个连接而造成负载过重的缺陷，增加了系统的动态可伸缩性。

④不同层次的组件开发可以并行进行，提高了系统的开发效率。

（3）分布式空间数据共享

在网络条件下的分布式空间数据库的空间数据共享是指空间数据用户如何通过 Internet 有目的地从空间数据服务器那里透明地获取数据生产者生产的各种格式的数据。当前，异质环境下的数据库互操作仍是建设和推行分布式 GIS 的瓶颈问题。

解决这一问题的最有效途径无疑是把异质数据库（数据库系统不同）转变为同质数据库（数据库系统相同），但实际中并不可行，因此必须寻求其他途径来解决此问题，于是提出了数据库的一体化构想，实现联邦数据库管理。Sheth 和 Larson 用五层模式描述了这种联邦数据库的结构，目的就是发现成分模式和联邦模式之间的映射，并在局部操作和全局操作之间定义这种映射，利用统一数据模型的联邦模式屏蔽局部模式之间的差异性。

成分数据库（Component Databases）是指分布于网络不同节点（或地理位置）的各种异质空间数据库，有本地数据库和远地数据库之分。

局部模式（Local Schema）是指成分数据库的概念模式，即本地数据库采用的模型。

成分模式（Component Schema）是指从局部模式转换到联邦模式所用的一致的数据模型，即联邦模式所采用的模型。

输出模式（Export Schema）是成分模式的一部分，它包含了所有被输出到联邦模式的数据，过滤掉成分模式的私有数据。

联邦模式（Federated Schema）也叫总体模式，是多个输出模式的一体化集合模式。

外部模式（External Schema）是 FDBS 的用户及应用所使用的模式，可能有一些额外的约束和限制。

上述的基本思想是使分布于不同区域的数据库通过网络连接在一起，实现逻辑上的一体化，即数据库的一体化，其核心是联邦模式的实现。由于采用一致数据模型的联邦模式屏蔽了局部模式的差异，因此用户只需关心外部模式，即本地局部模式与远地输入模式。

事实上，实现联邦模式还有一定的困难，更为现实的做法是建立基于空间元数据的分布式结构实现元数据共享管理。

分布式空间数据库虽然在数据交换方面有一些不足，但却是目前 GIS 海量数据共享最好的解决方案之一，这主要是因为其具有以下特点：

①符合地理数据分布的特点。地理空间数据的生产和更新工作量十分巨大，一般需要多个单位参与，因此不同区域的生产单位会形成本区域内的地理空间数据库；另外，已有的地理数据由于行业职能不同往往存放于不同的部门。采用分布式管理可以充分利用已有的资源，节省人力、物力和财力。

②提高了可靠性和可用性。这是分布式最有吸引力的地方。在传统的集中式 GIS 数据库中，如果数据库或软件出了故障，则整个系统都无法使用。但当地理数据分布在多个节点时，即使某个节点出了故障，其他节点仍可以继续使用，只是出故障节点上的数据和软件不能使用而已。

③使局部自治的数据实现共享，不强调集中控制，各节点对本地数据库均有相应的自治权、高度的自主权，但其他节点也可以共享这些本地数据。

④数据具有独立性。分布式数据库系统除具有集中式数据库系统的逻辑独立性和物理独立性外，还具有数据分布的独立性，亦即分布透明性。

⑤此外，分布式数据库还具有硬件上的独立性以及操作系统上的独立性。

## 2. 空间数据共享平台框架

空间数据共享技术平台是指通过网络平台和空间数据平台建设，实现对多种类型数据的整合，包括以空间元数据为基础的目录服务、数据存取服务、交互式功能服务和数据集成应用服务等。

根据结构和功能的不同，可以将空间数据共享平台的总体框架分为三个层次：共享基础平台、共享服务体系和共享应用体系。

（1）空间数据共享基础平台

基础平台包括基础网络平台和基础数据平台，是海量空间数据共享技术平台的基础与保障。

①基础网络平台

随着计算机技术和现代信息技术的飞速发展，网络已成为人们日常生活必不可少的一部分，同时也成为人们数据传输的首选方式，尤其在带宽不断增加的情况下，网络更显示出其不可替代的地位。因此，在设计空间数据共享平台时，要充分发挥网络技术的优势，努力构建一个灵活、方便的可交互空间。

②基础数据平台

基础数据平台是共享平台的灵魂。没有空间数据作为基础，空间数据的共享就失去了其应有的意义。

基础数据平台从结构上包括国家级的空间数据中心、各部门的分布式空间数据库和一套完整的数据管理体系。由于网络 GIS 的结构为分布式的网络结构，因此空间数据共享技术平台的数据管理要考虑以分布式管理为主、集中式管理为辅的模式。

（2）空间数据共享服务体系

共享服务体系是共享平台的技术关键。空间数据的共享服务主要包括目录服务、数据服务和功能服务三个层次的内容。

①目录服务

空间数据共享平台的目录服务是以空间元数据为核心的目录查询与管理。随着空间数据共享技术的不断进展，空间元数据库建设逐步受到各方重视，不少单位和部门已经建立了以提高空间信息服务效率为宗旨的空间元数据库及其管理系统。

目录服务中的元数据来源于两个渠道：一是从数据平台中心节点的集中数据目录中获取，但能获取的元数据十分有限；二是从各种分布式空间数据库（部门数据中心）的分布式数据目录中获取。分布式空间数据库及其元数据资源丰富、类型多样，是目录服务中元数据的主要来源。在这种获取方式中，数据平台中心节点充当整合分布于各个网站的空间数据于一个目录中的服务角色。这种服务方式可极大地方便用户查询，也利于网络相关信息的发布，但因需要不断地整合异构的分布式空间数据库资源，致使中心节点的任务比较繁重。

②数据服务

数据服务是在空间元数据目录服务的基础上进一步提供相关空间数据的服务，它和元数据目录服务的本质区别在于它们的侧重点是不同的。目录服务侧重于空间数据库的目录管理，而数据服务的侧重点则是各种类型的数据管理。例如，网络 GIS、移动GIS就是典型的空间数据发布和服务平台。

网络GIS中提供的数据分发方式就目前来看主要有直接网上下载或者在网上订购后通过其他媒体提供。其中，第一种方式比较方便实用，数据的实时性较强；第二种方式是指通过网站提供的接口向数据中心提出数据的需求，数据中心根据用户的请求对数据进行提取和加工后通过其他媒体或网络提供。

③功能服务

功能服务是指开发一系列通用的基础性服务的功能性工具，以便用户能在众多来源的海量空间数据中快速搜索特定信息和整合多源数据等。

（3）空间数据共享应用体系

共享应用体系是共享技术平台的功能体现，为用户或应用直接提供所需的共享数据、服务和各种应用功能。为此需要为各部门和各类用户提供一系列的使用工具，使其能从来源众多、数量庞大的空间数据库中方便地搜索、整合和挖掘空间数据，及时获得所需的服务。具体地讲，空间数据共享应用体系至少应该体现下述三个方面的功能或服务。

①基础服务模块

基础服务模块是指在空间数据共享基础平台上开发出的一系列能为各部门和用户提供服务，并且符合相应标准和规范的基础性功能模块（如中间件），以便构建符合需要的应用服务系统。

②空间数据论坛

为满足空间数据应用、服务和研究的需要，建立一个科技论坛，以便为空间数据的研究者和用户提供科学和技术交流的平台。

③空间数据挖掘

空间数据挖掘是空间数据共享平台的一个较深层次的应用。空间数据共享平台涉及的空间数据大多为行业性或领域性的数据，具有数据量大、内容丰富、规律性较强、类型多样等特点，在有关规范和数据模型的支持下，对分布式空间数据库的数据进行集成挖掘，可以为各部门提供有价值的科学决策依据。

### 8.2.4　网络地理信息系统应用

网络 GIS 的应用方式可分为两类：一是基于 Internet 的公共信息在线服务，为公众提供交通、旅游、餐饮、娱乐、房地产和购物等与空间位置有关的信息服务，此方式在国内外的许多站点上已有成功的应用实例；二是基于 Intranet 建立的企业 / 部门内部的网络 GIS 应用系统，为基于 Intranet 的企业进行内部业务管理，如帮助企业进行设备管理、线路管理以及安全监控管理等，可在科研机构、政府职能部门、企事业单位得到广泛应用。从提供地理信息的网络服务内容和功能的角度，网络 GIS 应用可分为如下 4 类级别：

①数据出版：在网络上提供基于地理的查询检索服务。

②产品销售：通过 Internet 直接向用户销售特定地图产品。

③ GIS 服务：提供各类 GIS 在线服务。

④数据共享：政府通过 Internet/Intranet 与上下级或相关机构实现 GIS 数据共享。

网络 GIS 已经得到了越来越广泛的应用，在农业、林业、水利、地矿、交通、电信、新闻媒体、城市建设、教育、资源（土地、森林、水、矿物和海洋等）、环境、人口以及军事等众多领域都有成功的应用实例。从网络 GIS 应用领域的角度，可以分为如下三大应用领域。

#### 1. 政府应用

“数字政府”是信息化时代政府信息化的新方向。“数字政府”是指利用现代信息和通信技术，在公共计算机网络、Internet 以及专用信息网络平台上，通过改进政府的组织结构、工作流程和工作方式，密切政府和民众的联系，促进民主政治建设，强化政府高效务实的管理服务职能，以使整个政府机构反应灵敏、政务运作高效迅捷，并最终确保政府决策的科学性和民主性。

“数字政府”强调：一是政府要有效利用现代信息技术，并将其整合到政府管理中去，从而实现政府管理的目标；二是政府信息的公开和可获得性，网上政府意味着政府的公开化和民主化，政府有责任和义务以更便利的方式让民众获得政府的信息；三是政府和公众之间的互动回应机制，网上政府的目的在于建立起跨越政府机关、企业与公众之间的互动机制，公众可以获得政府的信息和服务，而政府亦可以了解公众的合理要求，从而促使政府更有回应力和责任感；四是政府的工作更有效率，通过信息化的过程，改变与现实不相适应的政府组织形式，使行政程序简单化与统一化，政府政务电脑化与网络化，从而提高政府的办事效率。

如今，网络 GIS 已成为许多政府机构或部门必备的工作系统，尤其是政府决策部门在一定程度上由于受 GIS 影响而改变现有机构的运行方式、设置与工作流程等。例如，针对 2003 年初突发的全球性 SARS 病毒，中科院遥感所在国家“863”计划的支持下于 2003 年 4 月下旬开始紧急研制“非典网络地理信息系统”，并及时向公众发布此系统。系统利用遥感所自主开发的“地网”GeoBeans 网络 GIS 软件把“非典”疫情在空间上的区域性分布以及随时间的发展态势，用图形化的方式直观形象地加以显示，并配有相关的数据图表、疫情走势图和动态图。公众通过对此系统的使用，可及时了解“非典”疫情的发展态势。

**2. 企业应用**

由于网络 GIS 技术的重要性，众多 GIS 企业越来越关注网络 GIS 的研究、开发和应用，并推出了大量的网络 GIS 产品，以此为平台向用户提供地理信息的分布式服务，如 ESRI 的 ArcIMS，MapInfo 的 MapXtreme，Autodesk 的 MapGuide，Intergraph 的 GeoMedia Web Map 以及我国 GeoStar 的 GeoSurf 和 GeoBeans 等。基于上述产品也出现了许多企业的应用实例。

另外，其在商业网点选址也发挥着重要应用价值。对于商业网点而言，其所处的位置和布局不仅直接决定了销售收入的高低和商圈的大小，而且也影响到商业网点的市场地位和形象，影响零售活动的开展。在进行商业网点选址分析时要以便利消费者为首要原则，从节省消费者的购物时间、购买费用的角度出发，最大限度地满足消费者的需要，否则失去了消费者的支持和信赖，商业网点也就失去了存在的基础。商业设施的建立要充分考虑其市场潜力，如果在开设门店时不考虑其他零售店的分布、待建区周围居民区的分布和人数，建成之后就可能无法达到预期的市场和服务面。而且商业网点销售商品的品种和目标市场定位必须与待建区的人口结构（年龄构成、性别构成、文化层次）、消费水平等结合起来考虑。地理信息系统的空间分析和数据库功能可以解决这些问题。

运用 GIS 技术的商业网点选址策划地理信息系统，是根据区域地理环境的特点，综合考虑资源配置、市场潜力、交通条件、地形特征、环境影响等因素，在区域范围内选择最佳位置，充分体现了 GIS 的空间分析功能。

在商业网点选址 GIS 系统中可以计算各个商业网点的商圈大小。例如，可以用步行速度来测算 5 分钟的步行距离等值圈、10 分钟的步行距离等值圈。如果有自然的分隔线，如一条铁路线，商圈的覆盖就需要依据这种边界进行调整。

通过对商圈和人口数据进行叠加分析，以及根据商圈内各个居住小区的详尽的人口的数量、年龄分布、文化水平、职业分布、人均可支配收入等指标，可以计算出商圈内的消费能力。

如果一个未来的店周围有许多的公交车站，或是道路宽敞，交通方便，那么辐射的半径就可以大为放大。通过 GIS 可以将交通信息进行叠加分析。

**3. 公众应用**

公众应用要求网络 GIS 要面向整个社会，满足社会各界对有关地理信息的需求，简言之就是“开放数据、简化操作和面向服务”，通过有线或无线网络实现从数据到系统之间的完全共享和互操作。再者，公众对 GIS 的认识普遍提高，应用需求大幅度增加，从而导致 GIS 应用的扩大与深化。国家级乃至全球性的 GIS 已成为公众关注的问题，例如美国政府已将 GIS 列入“信息高速公路”计划，美国前副总统戈尔提出“数字地球”战略；我国的“21 世纪议程”和“三金工程”也包括网络 GIS。毫无疑问，网络 GIS 将发展成为现代社会最基本的网络服务系统。

## 8.3　地理信息系统行业应用

### 8.3.1　GIS 在城市规划中的应用

GIS 可为企业级系统提供各种地理信息相关的应用，包括资产信息的管理、业务工作的规划和分析、为各种工作提供采集处理手段、用丰富的图表和直观的地图做科学决策，从而体现其价值，使得 GIS 逐渐成为规划行业信息化的主流信息技术之一。

对于城市设计的规划人员来说，取得成功的关键是做出正确的关于位置的决策，为此，GIS 提供了基于空间信息获取、处理与表达的方法。

工作人员通过“数字规划”直接调用计算机中的数据即可得到准确的判断。“数字规划”工程已经广泛应用于业务审批、行政办公、公众服务等平台，同时正全面服务于城市规划、建设、管理与发展的各个方面。GIS 以其强大的空间分析、空间信息可视化、空间信息组织等为核心的功能贯穿着规划行业信息化建设的每一个角落。

GIS 在规划行业的应用主要体现在城市规划辅助设计与辅助决策、异构空间信息资源集成、共享与发布以及空间信息的组织与管理三个方面。

**1. 城市规划辅助设计与辅助决策**

GIS 提供的空间分析、地理统计的工具与方法，对提高规划设计的工作能力、成果质量、工作效率来说，作用是举足轻重的。结合规划行业的专业模型与人工智能，通过 GIS 强大分析与图形渲染功能，可以实现重大工程的智能选址、分区、规划，综合管线路线或高压走廊的智能选线、保护，城市功能区、人口密度的辅助规划，交通、绿地、公交线路的布局等规划辅助决策功能。

GIS 技术特别是在建设用地生态适宜性评价，如考虑地形地貌、水系、盐碱化、城镇吸引力、市政设施、污染源等诸多因子的甲醛分析；城市道路规划，如流量分析、道路拥堵分析、居民出行分析、噪声分析、降噪措施及效果分析等；经济技术指标辅助计算，如GDP 密度分析、热点分析、城镇联系强度分析；商业中心选址辅助分析，如影响范围分析、居民购买力分析、交通物流影响分析；模型驱动的智能选址辅助，如地形地貌等工程适宜性分析、人口密度、交通、市政设施分析、城市用地及规划编制许可分析；城市景观辅助设计，如建筑高度、方位、体量、材质、通风、通视分析、日照、遮挡分析等方面具有广泛良好的应用。

#### 2. 异构空间信息资源集成、共享与发布

政府机构由众多的部门来执行数以百计的业务功能，以便于向社会公众提供服务。绝大部分的业务功能需要位置定位作为操作的基础，利用 GIS 可以提高其提供信息发布和服务的效力、效率。

使用 SOA 的系统框架可以通过服务目录的通信实现服务提供者和使用者间的连接，也可以使用其他各种技术实现该功能，可以实现区级、市级、省级甚至国家级空间地理信息的集成、共享、发布，更可以为数字城市、空间信息基础设施（SDI）的建设提供核心解决方案，从而构建共享、交互、联动企业级 GIS 解决方案。

#### 3. 空间信息的组织与管理

城市规划涉及的空间数据具有明显的多源、多时相、多尺度、海量性，在使用过程中，需要跨部门、跨地域并发操作，即时进行更新，实时对外发布，以及动态加载、一体化的呈现。

### 8.3.2 GIS 在土地定级中的应用

土地定级涉及的参评因素因子类型多样且数据量大，同时，定级对象不仅具有非空间属性，还具有空间属性。随着计算机技术的不断推广，运用地理信息系统技术来完成城镇土地定级工作逐渐取代传统的手工和手工加计算机辅助定级方法。GIS 是一种基于空间数据的图形、属性管理技术，具有强大的空间分析和数据管理功能。在某市城市土地价格调查中，主城区的土地定级就是基于 GIS 技术来完成土地定级的。

#### 1. 土地定级信息系统组成与功能模块

基于 GIS 的土地定级工作要经过数道技术过程，包括数据编辑、定级因素分析和成果图输出等，土地定级信息系统就由相应的这些子系统组成，在每个子系统中有若干功能模

块，这些功能模块以命令形式运行，并可采用嵌入主语言的方法构成新的用户界面。

### 2. 基于 GIS 的土地定级方法

目前，用计算机进行土地定级的处理方法有以下两种：

①将定级对象划分为很细的网格单元，求出每一种影响因素对网格单元的作用分后，累加出对应各单元的影响程度。

②以预先划分的定级单元为基础，用矢量图形的分析处理直接求出每一影响因素对各定级单元的作用分值及综合影响分值。

基于 GIS 的第一种土地定级方法就是从数据采集、分析到成果形成及应用等完全运用计算机系统软件操作，它旨在从根本上改善定级工作环境。其在透彻分析《城镇土地定级规程》的标准和要求的基础上，建立实用和高效的计算机化的地理信息系统，即城镇土地定级信息系统。

土地定级法充分利用地理信息系统的基于计算机、空间数据管理和空间分析的技术优势，将定级因素确定、土地级别评定、积差收益测算、资料定量化处理、分值计算、面积量算、数据管理、定级单元划分和成果图输出等综合成一个共同的数据流程，实现全数字的信息处理模式。

### 3. 基于 GIS 的土地定级的主要步骤

（1）定级因素选择及权重确定

参评因素因子的选取是建立土地综合评价数据库的前提条件。Delphi 测定法是以一种客观的综合多数专家经验与主观判断的技巧，其关键在于对大量非技术性的无法定量分析的要素做出概率估算，充分发挥信息反馈和信息控制的作用，使分散的评估意见逐次收敛，最终集中在协调一致的结果上，可信度高。

采用特尔菲测定法进行因素数学处理模型如下所示：

$$E_{均}=\sum_{i=1}^{m}\frac{a_i}{m};\quad \delta=\sqrt{\sum_{i=1}^{m}\frac{\left(a_i-E_{均}\right)^2}{m-1}} \tag{8-1}$$

式中：$E_{均}$为均值；$a_i$为第 $i$ 位专家的评分值；$m$ 为专家总人数；$\delta$ 为均方差。

经过多轮专家的咨询与评分，可确立定级因素及权重。经检验，权重值的大小反映评价因素对土地区位和土地利用效益影响强度的大小顺序。

若因素对土地的影响既与因素涉及的设施规模有关，又与距设施的相对距离有关，称为点、线状因素。此时应计算设施本身的功能分，进而计算设施对空间上各点产生的作用分。

若因素对土地的影响仅与因素指标值有关，称为面状因素。计算因素功能分的公式为：

$$e_i = 100 \times \frac{x_i - x_{\min}}{x_{\max} - x_{\min}} \tag{8-2}$$

式中：$e_i$ 为 $i$ 指标值的作用分；$x_i$ 为 $i$ 指标值；$x_{\max}$ 为 $i$ 指标值的最大值；$x_{\min}$ 为 $i$ 指标值的最小值。

（2）数据库建立与维护

土地数据库的建立是进行定级工作的前提条件，也是必要条件。根据数据库建设要求，将现有工作底图通过扫描仪录入计算机中，将栅格数据转化为矢量数据，标上必要的图例、注记，建立数字化工作底图。

数据库模型采用扩展结构模型，即统一的 DBMS 存储空间数据和属性数据。

（3）基于 GIS 土地定级计算与空间分析

土地数据库的建立为生成评价单元准备了条件，也是进行空间分析的物质载体。土地定级主要应用的空间分析有缓冲分析、叠加分析以及拓扑分析。

（4）土地单元定级

①初步定级

为系统地表现单元总分值的分布状况，对所有单元的总分值做频率统计，绘制频率直方图。

②级别验证

城镇土地级的验证方法有城镇土地级差收益测算和市场交易价格定级两种。由于某市主城区的土地市场较为发达，故主要通过市场地价检测来验证土地级别的合理性。

### 4. 土地定级成果输出与成果运用建议

（1）土地定级成果输出

对于 MAPGIS 或 MAPINFO 图形处理，可将定级文件通过数据转换窗口导入 MAPGIS 或 MAPINFO，然后在 MAPGIS 中通过拓扑检查建立拓扑关系，将不同级别设置不同颜色，最后打印输出。

（2）成果运用建议

首先，土地定级的成果是土地估价的基础，为基准地价评估提供了可比的区域。

其次，土地定级成果为征收土地使用税提供了依据。

最后，在城市规划中运用土地定级成果，可使得土地的利用效益达到最高。

### 8.3.3　GIS在交通管理中的应用

GIS凭借其强大的数据综合、地理模拟和空间分析能力，已在交通规划、综合运输、公共交通等方面有了广泛的应用，并取得了显著的经济效益和社会效益。

GIS在交通方面的应用可以分为铁路交通、公路交通、水运交通和航空交通四个方面。值得一提的是，GIS在构建智能交通方面发展迅速，在建设现代物流系统方面具有重要作用。

#### 1. GIS在道路设计中的应用

GIS在交通中能够很好地考虑和评估公路对环境的影响，因此交通地理信息系统可广泛应用于公路路线的选择和初步设计。

在道路的选线方面，GIS可以利用3D技术从各个角度协调横纵关系，使道路设计与规划统筹发展。

①选取所设计地区的数字化地图，通过连接地图中的控制点来确定路线的走向，最终制订一条路线方案。

②利用路线方案中的高程点，自动生成等高线，绘制纵断面、横断面并在此基础上进行道路横纵断面的设计。

③在选择方案的同时还可抽调其他图形、统计、道路及地面附着物等相关信息，通过对不同的路线方案进行对比、分析、筛选，直至获得最佳方案。

#### 2. GIS在交通规划中的应用

GIS技术的线性参考系统、动态分段技术等，是建立交通规划信息系统的基础。在实际的日常生活中，货物密度模型的可视化表达、道路交通量和拥挤度的建模、货物的运输模拟等，都需要GIS技术支持。

#### 3. GIS在道路养护中的应用

随着人们生活水平的提高与科技的迅速发展，人们对道路的要求越来越高，加强对已建成公路的养护与管理变得愈加重要。

交通地理信息系统利用先进的路面、桥梁检测设备和数据收集手段，与路面管理系统、桥梁管理系统等养护管理系统相连，使公路养护管理更加科学、合理。

#### 4. GIS在城市交通管理中的应用

主要包括城市交通线路规划与分析、公交车辆的调度和应急事故处理、车站和道路设施管理等。

GIS 电子地图与传统地图的区别在于其将不同物理内容的地图进行分类描述、存储和管理，以图层的形式表示单一的具体内容，通过图层叠加的方法实现最终所需信息的显示。应用 GIS 独具特色的地图表现能力，可将交通及交通相关信息可视化，并且将具体的变动信息方便、快捷地显示在图层上，构建新的交通地图。

1997 年，我国广东省完成的“广东省综合交通管理信息系统”便是基于地理信息技术和数据库技术实现的，该系统具体由社会经济、基础设施、运网流量、规划项目、系统维护及系统功能等模块构成。

#### 5. GIS 在智能交通中的应用

GIS 可用于路况交通信息的实时监控、车辆的跟踪养护巡视、应急抢险指挥以及公众出行服务等。

#### 6. GIS 在高速公路管理中的应用

GIS 可用于高速公路结构物和业务数据的组织管理、三维构筑物建模与显示、无线传感器网络集成和信息采集传输等。

#### 7. GIS 在水运交通中的应用

GIS 可用于航标及其动态的监控、船舶的动态监测、船舶导航、航道疏浚、水运安全以及内河航道规划等。

### 8.3.4 GIS 在城市养老服务供给中的用途

#### 1. 研究老年人口分布

在城市社会、经济发展及基础设施规划和建设中，人口数据是一个不可缺少的重要指标，它可以表现和预示城市人口与社会、经济、环境和资源环境等供求关系的现状和发展趋势。尤其是在城市化地域大、人口高度集聚的一些城市，了解掌握人口数据及其在地理上的分布和发展趋势，对于城市发展规划的制定、地理环境资源的科学分配、社会经济合理布局等是至关重要的。

历来人口资源调查、人口数据统计分析都是以文字、数字为主，给人口信息的有效利用带来很大的局限。“建立可动态维护的人口资源管理 GIS 系统具有重大的意义。及时了解、掌握人口信息和分布，将成为提高城市现代化管理水平的重要环节和有效手段。[①]”

综观全球，地理信息系统已成为大范围人口统计、数据分析的必备工具。国内 GIS 与

① 马俊海，王文福，祁向前．网络地理信息系统 [M]．哈尔滨：哈尔滨地图出版社， 2008：8.

人口研究的应用实践集中于描述人口数量、人口结构的时间演变趋势及地域分布状况，旨在探求老年人口的时空分布特征。例如，有研究人员利用 GIS 软件及国家人口普查数据，选取京沪广武作为样本城市，以此绘制 4 座城市 10 年间老龄人口空间分布和年份演变图，从街道层面对我国城市老龄人口的空间分布特征有了清晰的展示；有研究人员借助对南京市老年人口时空分布的双线研究，探求南京市内各地区老年人口分布的动态趋势、老年群体空间的集聚性与排他性特征；有研究人员通过分析贵阳市老年人口分布的空间集聚性、异质性特征，预测贵阳市进入老龄化的时间节点与届时城乡人口特征差异；还有研究人员基于上海市两年的老年人口数据，运用热点分析工具分析老年人口聚集特征的空间差异，以此研究上海市老年人口分布的圈层结构。

基于地理信息系统方法不仅可以了解老年群体的时空分异特征，还可为提升养老服务满意度提供更精准的建议。

### 2. 研究养老服务

养老服务中 GIS 的应用实践有着诸多便利与益处。一方面，随着老龄化程度加深、老年人口分布范围扩大，单纯依靠人力为每个老年人提供有效的养老服务是一项高成本、高难度、高标准的工作，而地理信息系统方法的介入能够有效提升养老服务效率。另一方面，对于老年个体而言，一味依赖他人照护反增身体机能退化的风险，借助 GIS 实现自我养老更有利于身心健康。

老化作为生命的必经阶段，必然伴随身体机能的衰弱。随着医疗水平的提高，地理信息系统与医疗卫生、养老护理系统的联合应用，不仅能够最快了解老年人身体状况、提高老年信息查询速率，加快老年人就诊速度，降低因无人发现老年患者而产生的误诊、错诊案例数量，也能增促区域完善现有医疗养护体系。

下面列举研究人员进行的一些相关研究：

①依据特定区域内突发情况的假设，基于 GIS 建立地理属性发生变化时波及区域的虚拟模型，以此构建居家老年人信息网，协助决策者事先制订解决未然问题的管理方案，降低突发事件对于老年人的伤害；

②研究表明，城市二环以内医院等级越高，医疗距离可达性越高，而社区卫生服务站的时间可达性最优；

③研究指出，北京市老年人慢性病就医集中在 1000 米范围之内；

④基于 GIS 整理不同年龄层、不同地区老年人致残患病率情况，以此揭示区域间老年人残疾类型与致残程度差异，建立健全针对残疾老年人的政策框架；

⑤基于 GIS 与从业人员健康探索性分析工具对时空热点事件进行可视化，借此掌握疾

病动态特征，实现病人隔离与分组；

⑥基于ArcGIS软件、遥感影像和谷歌地图建立养老机构分布图，并连接老年人口分布图，对比区域间养老机构供需密度及差异；

⑦依据ArcGIS软件实现空间数据统一化处理，形成单因子评价图，再利用叠加分析评价结果，形成不同适宜度的养老空间地图，进而调整设施分布状况；

⑧以街道为单位，综合运用网络分析与邻域分析方法，对济南市养老服务设施可及性、邻近性等特征进行分析，并借此构建城市养老服务设施空间布局评价体系。

⑨研究认为，GIS可将便民服务机构、应急处置机构与老年人口分布数据连接，形成复合性地图，实现智能化服务，高效利用单维档案信息，实现老年人分类管理；

⑩通过相交工具，将一定半径内老年人口密度图层与机构分布图层叠加，分析老年人口数与服务机构床位数、护理人员数的比例，借此展示不同机构服务水平以及区域间的养老服务差异。

地理信息系统在医疗养护服务领域的介入，不仅能够准确了解服务设施空置率，更能增强服务场所的空间协调性，压缩无用空间，提升供给质量。

### 3．文体休闲服务

对比中青年群体，老年人汽车驾驶频次降低，步行、乘坐公共交通成为其主要出行方式，有限距离范围内的文体休闲场所对丰富老年人的日常生活、维系身心健康起着重要作用。国内外研究分别从老年群体、个体入手，基于地理信息系统提高老年文体休闲服务的供给水平。

例如，让老年人佩戴关节运动速度计、接受问卷调查，借此发现，相比于其他老年人，居住区域可步行性高、可移动性大、娱乐设施分布密集的老年人体育锻炼意愿更强、锻炼频次更高，身体患病率明显降低；除体育锻炼之外，寻找同辈群体获得社交支持也是维系老年人身心健康的一大方式。例如，让参与者穿上含有定位系统的衣服，记录参与者的日常出行日志，并基于ArcGIS 软件绘制老年人的位置变化图、建立出行缓冲区，通过缓冲区大小间接反映各地点老龄人口密度差异，研究表明，文字记录中停留大于10分钟的地点与老年人密集区吻合。

目前，国内基于GIS缓冲分析对老年文化娱乐、体育锻炼的研究主要分为两种：一种是使用近邻工具，以文体场所为中心，分析其指定距离内老年人居住点的分布密度；另一种是已知老年人居住区位，测算其抵达就近休闲服务设施、场所的距离与用时。文体休闲缓冲区内居民点数量越多，意味着该场所对周边居民点的分布有越多影响，而居民点与设施的距离越短，意味着老年人到达设施点的便捷性越高，设施的使用频率越高，反之亦然。

### 4. 日常起居服务

在少子老龄化时代，老年人独居生活的时间延长。为减少意外伤害的发生，日常生活场所的适老化改造尤为重要。如厕、浴室跌倒已成为独居老年人死亡的慢性杀手，基于 GIS 设计的室内空间有助于防止老年人跌倒，降低跌倒行为对于老年人自我衰老的心理暗示，提高老年生活的无障碍指数。

在上门服务领域，随着智能手机的普及，社会对于能够智能化老年人生活需求、及时观察老年人日常起居产品的需求更为迫切。目前，一类产品是通过物联网技术连接电器设备、移动客户端定位老年人、GIS 建立空间信息库，线下按需提供送餐等人工服务，摒弃形式化、表面化、大众化服务内容，不断提高老年人对有偿服务形式的信任度，拓宽智能时代新的经济利益增长点。另一类是“一键式报警器”之类的应急产品，当轮椅、电器等常用设备出现故障而老年人又未意识到时，产品能够将报警信息及时发送给监护人，监护人可基于空间信息库确定老年人位置与危险状况，为施救提供安全时间。但随着我国人口红利的消失，专业化、职业化、持久性的养老服务人员存有供不应求的现实困境，为突破这一困境，将上门服务向建设更高等级的定点养老服务驿站转变，并基于 ArcGIS 软件的空间句法运算插件实现对养老驿站服务区域内交通可达性的分析①。

综合运用地理信息系统及现代多种科学技术，收集、处理、分析体量庞大但具有重大价值的老年人日常起居信息。学界借助 GIS、便携移动设备，并辅之以问卷调查、访谈的记录方法，能够迅速整合老年人日常碎片信息，不断挖掘老年群体的日常需求，高精度刻画老年生活状态，不断优化老龄空间。

## 8.3.5 GIS 在生物多样性研究中的应用

经济和科学技术的发展对信息的需求越来越强烈，对信息系统的“期望值”越来越高；数据库和信息系统的技术支撑系统，能为信息管理及其使用提供有效的手段。当今世界谁掌握了信息并使之转换为经济、科技优势，谁就掌握了发展的主动权。目前信息系统正越来越多地运用于各部门的信息管理之中，但只有少数的信息系统能成功地满足需求，如金融机构的某些商业信息系统。而在科研方面，大多数信息系统的应用尚难以令人满意，表现为其应用与所期望的差距较大，或支撑系统应有的功能不足，生物多样性信息系统的情况也不例外。建立生物多样性信息系统一直是生物多样性研究的一个重要组成部分，其作用早已为国内外大多数研究者和决策者所认识。

世界上第一个 GIS 是加拿大地理信息系统（CGIS），诞生于 20 世纪 60 年代中期，用

① 赵立志，王璐宁，杨佳楠. 基于交通可达的两级养老驿站体系及布局研究 [J]. 城市发展研究，2019，26（07）：7-13.

于资源管理和土地规划。GIS真正在生物多样性研究中显示作用是在20世纪80年代以后，由于生物多样性问题日益受到重视，人们积极寻求新的途径，以便更加有效地研究生物多样性的保护问题。图形的自动叠加是GIS的一个最基本的功能，普遍地用于物种空间分布的研究。它不仅解决了传统的手工绘制动物分布图存在的困难，最重要的是可以通过图形叠加获得物种丰富度的信息。综合分析空间和属性数据是GIS独特的功能，它能从时空的整体性和一致性出发，揭示生物多样性的分布、发生和发展的规律。因此，GIS在生物多样性研究中将会充分发挥其潜能。

### 1. 研究生物多样性的分布格局

（1）绘制物种分布区图和确定物种丰富度

物种分布区和丰富度的数据对于生物多样性研究至关重要。由于丰富度的数据需要较广泛的取样，因此比分布区数据更难收集。多样性评估实际上依靠物种分布区的数据。传统的分布区图的绘制存在很多弊端。GIS的过人之处就在于它可以从数据库中提取出各物种分布的数据，迅速而准确地自动绘制出物种分布图，由于物种分布的数据可任意提取修改，能及时体现出物种分布变化，这种分布图可任意叠加处理。通过自动叠加，可以迅速得到物种丰富度信息。所得的结果可以各种形式，如统计图、多色地图等输出，并能通过数据库为众多研究者共享信息资源。

（2）预测物种的分布和丰富度

特定的生境往往会有特定的物种分布，物种分布格局取决于众多因素，如生境复杂性、植被类型、植被结构和土壤类型，此外还和地理及环境变化有关。因此，在研究物种的分布格局时必须综合这些众多的因素。GIS具有独特的空间分析能力，较好地解决了这方面的问题。在具备一物种的地理分布、生态限制因子、生境选择性方面的信息后，GIS可以预测其分布。产生预测分布图最简单的过程是：利用数量化的动物与生境关系模型，建立物种与一定植被的联系，再从已知物种的GTS图和植被图获得适宜的生境图，最后得到目前的动物物种分布图。并且每个物种的预测分布结果可逐个地显示（或以表格形式输出）。通过计算每个多边形期望的物种数组合，可求出物种丰富度。GIS预测的物种分布图往往比经验数据更准确，因此，对于那些缺少调查的地区，预测物种分布具有重要的意义。

### 2. 研究生物多样性保护对策

随着人类活动的加剧，物种灭绝的速度不断加快。多物种保护体系认为物种保护的最佳途径是保持它们的生境。生境保护可以是对群落、生态系统、景观和地理区域水平的保护，其最终目标是如何使物种得到充分有效的保护。因此，在设计保护时需要确定物种丰富的热点地区，采取就地保护的一系列措施。GIS 很容易做到这一点。

多物种保护的思路是通过生物多样性的指示物的分布图与植被及土地利用状况图的叠加筛选出保护区。为了充分合理地保护生物多样性，对出于各种保护目的而设置的保护体系，以及目前没有纳入保护体系的热点地区必须进行全面评价。在生物多样性保护区的评价、规划和设计中，以 GIS 为基础的漏洞（Gap）分析模型能迅速而全面地对生物多样性的多种成分的分布和保护状况进行评价。对于发现的漏洞，可以通过建立新的保护区或改变土地管理方式得到填补。目前人们研究出多种在地理区域水平上保护生物多样性的有效模型，并应用于生物多样性的保护。

### 3. 研究生物多样性的动态变化

生物多样性和生境密切相关，而生境又受人类活动影响。土地利用、工业发展、城乡建设等活动使环境发生了变化，造成物种、生境、生态系统的丧失。GIS 能够提供生物多样性变化趋势的动态分析，为减少和阻止生物多样性的丧失提供决策依据。它能够综合自然环境（如降雨、湿度、土壤、地貌）、生物环境（如竞争者、捕食者和资源的时空分布）以及历史背景（如过去的气候、区系变化、物种意外灭绝和散布）等信息，建立物种变化的动态分析模型，与专家系统结合，提供决策和判断的依据。

例如，生态学上模型常被用来研究生态系统中各组成部分时空动态，GIS 与生态模型结合，成为用来模拟生物多样性动态变化的强有力的手段；GIS 与遥感技术的结合，对于景观动态变化监测具有重要的意义；GIS 与保护生物学的模型结合，有助于研究种群动态、景观片段化趋势；GIS 的动态模型还能利用空间数据探讨全球变化对生物多样性影响的问题；等等。

# 参考文献

[1] 冯学智，王结臣，周卫，等．“3S”技术与集成 [M]. 北京：商务印书馆，2007.

[2] 高峰．渔业地理信息系统 [M]. 北京：海洋出版社，2019.

[3] 郭薇，郭菁，胡志勇．空间数据库索引技术 [M]. 上海：上海交通大学出版社，2006.

[4] 何宗宜，宋鹰，李连营．地图学 [M]. 武汉：武汉大学出版社，2016.

[5] 贺三维．地理信息系统城市空间分析应用教程 [M]. 武汉：武汉大学出版社，2019.

[6] 华唐教育．GIS 空间数据处理与应用 [M]. 北京：机械工业出版社，2021.

[7] 黄瑞．地理信息系统 [M]. 北京：测绘出版社，2010.

[8] 黄正东，于卓，黄经南．城市地理信息系统 [M]. 武汉：武汉大学出版社，2010.

[9] 黄志军，曾斌．多媒体数据库技术 [M]. 北京：国防工业出版社，2005.

[10] 乐鹏．网络地理信息系统和服务 [M]. 武汉：武汉大学出版社，2011.

[11] 李建松，唐雪华．地理信息系统原理 [M]. 武汉：武汉大学出版社，2015.

[12] 林琳，路海洋．地理信息系统基础及应用 [M]. 徐州：中国矿业大学出版社，2018.

[13] 刘南，刘仁义．地理信息系统 [M]. 北京：高等教育出版社，2002.

[14] 柳林，李德仁，李万武，等．从地球空间信息学的角度对智慧地球的若干思考 [J]. 武汉大学学报（信息科学版），2012，37（10）：1248-1251.

[15] 马俊海，王文福，祁向前．网络地理信息系统 [M]. 哈尔滨：哈尔滨地图出版社，2008.

[16] 马勇总．旅游地理信息系统 [M]. 武汉：华中科技大学出版社，2019.

[17] 沈记全．数据库系统原理 [M]. 徐州：中国矿业大学出版社，2018.

[18] 田劲松，薛华柱．GIS 空间分析理论与实践 [M]. 北京：中国原子能出版社，2018.

[19] 王华，周玉科．基于叙事思维的专题地图设计思考 [J]. 测绘与空间地理信息，

2020，43（7）：15-17，20.

[20] 王金鑫，张成才，程帅 . 3S 技术及其在智慧城市中的应用 [M]. 武汉：华中科技大学出版社，2017.

[21] 王庆光 . 地理信息系统应用 [M]. 北京：中国水利水电出版社，2017.

[22] 王新洲 . 论空间数据处理与空间数据挖掘 [J]. 武汉大学学报（信息科学版），2006，31（1）：1.

[23] 翁敏，黄谦，苏世亮，等 . 基于皮尔斯符号三元观的专题地图符号设计 [J]. 测绘地理信息，2021，46（1）：44-47.

[24] 武文波 . 地理信息系统原理 [M]. 北京：教育科学出版社，2000.

[25] 谢瑞 . 地理信息系统概论 [M]. 徐州：中国矿业大学出版社，2012.

[26] 许捍卫，马文波，赵相伟，等 . 地理信息系统教程 [M]. 北京：国防工业出版社，2010.

[27] 颜辉武，吴涛，王方雄 . 网络地理信息系统 [M]. 北京：测绘出版社，2007.

[28] 杨金民，荣辉桂，蒋洪波 . 数据库技术与应用 [M]. 北京：机械工业出版社，2021.

[29] 杨行健 . 面向对象技术与面向对象数据库 [M]. 西安：西北工业大学出版社，1996.

[30] 叶明全，伍长荣 . 数据库技术与应用 [M]. 3 版 . 合肥：安徽大学出版社，2020.

[31] 于少祯 . 基于地理信息系统（GIS）的城市养老服务供给研究——以济南市为个案 [D]. 济南大学，2021.

[32] 张东明，吕翠花 . 地理信息系统技术应用 [M]. 北京：测绘出版社，2011.

[33] 张海荣 . 地理信息系统原理 [M]. 徐州：中国矿业大学出版社，2017.

[34] 张景雄 . 地理信息系统与科学 [M]. 武汉：武汉大学出版社，2010.

[35] 张友静 . 地理信息科学导论 [M]. 北京：国防工业出版社，2009.

[36] 赵立志，王璐宁，杨佳楠 . 基于交通可达的两级养老驿站体系及布局研究 [J]. 城市发展研究，2019，26（07）：7-13.

[37] 郑春燕，邱国锋，张正栋，等 . 地理信息系统原理、应用与工程 [M]. 2 版 . 武汉：武汉大学出版社，2011.

[38] 周园 . 地图与地图制图 [M]. 武汉：武汉大学出版社，2011.

[39] 朱耀勤 . 现代物流信息技术及应用 [M]. 北京：北京理工大学出版社，2017.